PRINCIPES

DE

MATHÉMATIQUES

2e PARTIE — ALGÈBRE

PAR M. L. CH.

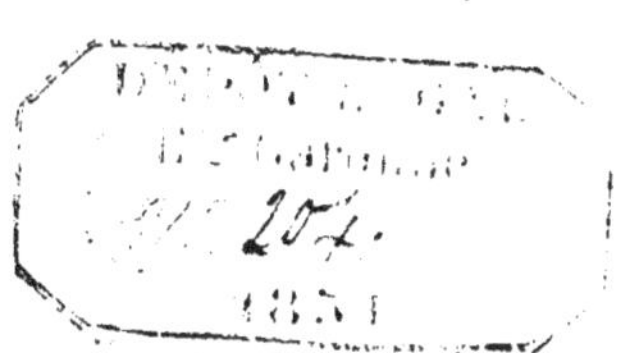

TOULOUSE

VEUVE DIEULAFOY, IMPRIMEUR

rue des Chapeliers, 13.

1851

*Si l'on veut s'en tenir aux questions les plus élémentaires, on pourra omettre les articles marqués d'une *, et à plus forte raison ceux qui sont marqués de deux **.*

ALGÈBRE

---

1. L'ALGÈBRE *est la partie des mathématiques qui a pour but de ramener à des règles générales la résolution des questions que l'on peut se proposer sur les quantités.*

Avantages de l'Algèbre sur l'Arithmétique.

2. 1° L'algèbre traite les questions d'une manière générale, quelles que soient les valeurs des quantités que l'on considère; tandis que l'arithmétique n'envisage ordinairement que des cas particuliers.

2° L'algèbre offre, dans les résultats des opérations, les traces de la route suivie pour y arriver, ou du moins de celle qu'on doit tenir pour atteindre le même but par les moyens les plus simples, et elle indique par là des règles propres à toutes les questions de la même espèce; tandis que les résultats arithmétiques ne portent aucune empreinte des moyens employés pour les obtenir.

3° L'algèbre représente, par des signes abréviatifs et généraux, toutes les idées qu'on peut se former relativement aux quantités; puis, par des règles constantes et faciles, elle permet de combiner ces idées à l'aide des caractères qu'elle emploie, et d'arriver au résultat sans le secours du raisonnement. Dans l'arithmétique, au contraire, on ne peut souvent, sans de grands efforts d'intelligence et de mémoire, trouver la solution de questions même assez peu compliquées.

Notations Algébriques.

3. On représente les quantités par les lettres de l'alphabet. Ordinairement, les quantités connues sont représentées par les premières lettres, a, b, c, etc., et les quantités inconnues par les dernières, x, y, z.

4. Les opérations à faire sur les quantités s'indiquent comme il suit :

L'addition est représentée par le signe $+$ (plus) qu'on place avant la quantité à additionner. Exemple : $+a$.

La soustraction, par le signe — (moins). Exemple : $-a$.

La multiplication, par le signe $\times$ (multiplié par), ou un point. Exemple : $a \times b$, $a.b$, ou bien elle ne s'indique le plus souvent par aucun signe, en ayant soin d'écrire les quantités qui sont des facteurs les unes à la suite des autres. Exemple : ab.

La division, par le signe $:$ (divisé par), ou bien par le signe —. Quand on emploie ce dernier signe, le dividende se met au-dessus et le diviseur au-dessous. Exemple : a divisé par b s'indique $a:b$ ou $\frac{a}{b}$, ce qui s'énonce a sur b.

L'élévation à une puissance est représentée par un petit caractère placé à droite et un peu au-dessus de la quantité qu'on veut élever à la puissance. Exemple : a élevé à la puissance b s'indique ainsi : a^b, et s'énonce a puissance b.

On n'écrit pas l'exposant quand il est l'unité.

L'extraction des racines est représentée par le signe suivant $\sqrt{\ }$ nommé radical. On place au-dessous la quantité dont il faut extraire la racine, et entre les branches un petit caractère qui indique le degré de cette racine. Exemple : si on extrait de a la racine dont le degré est b, on écrit $\sqrt[b]{a}$, ce qui s'énonce : racine $b^{ième}$ de a.

Quand on veut indiquer une opération à faire sur l'ensemble de plusieurs quantités, on écrit celles-ci entre parenthèses. Exemple : $(-a-b+c)$.

5. Entre les quantités, il existe des relations d'égalité ou d'inégalité.

L'égalité s'indique par le signe $=$ (égale). Exemple : si l'on veut dire que b est égal à a, on écrit $a=b$, ce qui s'énonce a égale b.

Les relations d'inégalité sont de deux sortes :

1° La supériorité s'indique par le signe $>$ (plus grand que). Exemple : a plus grand que b s'indique ainsi : $a>b$.

2° L'infériorité s'indique par le signe $<$ (plus petit que). Exemple : pour indiquer que b est plus petit que a, on écrit $b<a$.

Définitions préliminaires.

6. Une quantité écrite au moyen des signes de l'algèbre s'appelle *quantité algébrique* ou *littérale*, ou bien encore *expression algébrique*.

7. Un *terme* est une quantité affectée du signe + ou du signe —.

Un terme est *positif* quand il a le signe + ; il est *négatif* quand il a le signe —. Ainsi, une quantité à additionner est représentée par un terme positif, une quantité à retrancher est représentée par un terme négatif.

On sous-entend le signe + au commencement d'une expression, quand le premier terme doit être positif.

8. La *valeur absolue* d'un terme est sa valeur, abstraction faite du signe + ou —. La valeur d'un terme pris avec son signe est sa *valeur relative*.

9. Un *coefficient* est une quantité qui entre comme facteur dans un terme.

Le coefficient est *numérique*, lorsque le facteur est représenté par un nombre ; dans ce cas, il est placé avant les lettres. Exemple : dans $3ab$, le coefficient est 3.

On n'écrit pas le coefficient numérique quand il est l'unité.

On appelle encore coefficient d'une quantité, l'ensemble des facteurs qui multiplient cette quantité dans un terme. Ainsi, dans le terme abc, ac est le coefficient de b, ab celui de c, bc celui de a.

Nota. Il ne faut pas confondre un coefficient avec un exposant. Ainsi, $3a$ indique $a \times 3$, tandis que a^3 indique $a \times a \times a$.

10. * On entend par *dimension* d'un terme, chacun des facteurs littéraux qui entrent dans ce terme. Le coefficient ne compte pas pour une dimension.

11. * Le *degré* d'un terme est la somme des exposants des facteurs littéraux, ou la somme des dimensions d'un terme. Exemple : $3a$ est un terme du premier degré, $3a^2$ et $5ab$ sont des termes du deuxième degré.

Le degré d'un terme fractionnaire s'obtient en retranchant la somme des exposants du dénominateur de celle des exposants du numérateur. Exemple : $\frac{3a^2}{b}$ est du premier degré, $\frac{a}{b^2}$ est du degré — 1, $\frac{a}{b}$ est du degré 0.

Le degré d'un radical s'obtient en divisant le degré de la quantité qu'il affecte par l'indice du radical. Exemple : $\sqrt{a}$ est du degré $\frac{1}{2}$, $\sqrt[3]{a^2}$ est du degré $\frac{2}{3}$, $2a\sqrt{b^2}$ est du second degré.

Il sera démontré plus tard que ces deux derniers articles ne sont que des cas particuliers de l'article précédent.

12. Un *monome* est une expression algébrique d'un seul terme.

Un *binome*, une expression de deux termes.

Un *trinome*, une expression de trois termes.

En général, un *polynome* est une expression de plusieurs termes.

13. * Un polynome est *homogène* quand tous ses termes sont du même degré. Exemple : $3ab-2a^2+b^2-bc$ est un polynome homogène. Le degré de l'homogénéité est 2.

Un polynome est *homogène par rapport à quelques lettres seulement*, quand la somme des exposants de ces lettres est constante dans tous les termes. Exemple : $2ab+a^2c-b^2m+3a^2$ est un polynome homogène par rapport aux lettres a et b.

14. Des termes sont dits *semblables*, lorsqu'ils contiennent les mêmes lettres affectées des mêmes exposants. Exemple : $3a^3b^2-5a^3b^2-a^3b^2$ sont des termes semblables.

15. Des expressions sont *rationnelles*, quand elles ne renferment point de radical ; dans le cas contraire, elles sont *irrationnelles*.

16. Les expressions *entières* sont celles qui ne contiennent ni des radicaux ni des dénominateurs.

17. * On dit qu'une expression est *fonction* d'une ou plusieurs lettres, lorsqu'elle contient ces lettres combinées d'une manière quelconque. Exemple : $3x-2x^2+5x+\frac{8}{x}-\sqrt{x}$ est une fonction de x. On la désigne ainsi : $\mathrm{F}(x)$, ou $f(x)$, ou $\varphi(x)$, etc. De même, $2xy-y^2$ est une fonction de x et de y.

Si deux ou plusieurs fonctions sont composées de la même manière, l'une avec x, par exemple, et l'autre avec y, on se sert de la même lettre caractéristique pour les désigner. Ainsi, les fonctions $x^3 - x^2 + \sqrt{x}$ et $y^3 - y^2 + \sqrt{y}$ se désignent par F (x) et F (y).

18. On appelle *formule*, une expression algébrique qui indique l'ensemble des opérations à faire pour arriver à un résultat.

19. La *valeur numérique* d'une expression algébrique est le nombre qu'on obtiendrait si, en donnant des valeurs particulières aux lettres qui y entrent, on effectuait toutes les opérations de l'arithmétique que comporte cette expression. Exemple : la valeur numérique de $4a^2 + \frac{ab}{c} - \sqrt{b}$ pour $a = 5$, $b = 9$ et $c = 3$, est $4 \times 5^2 + \frac{5 \times 9}{3} - \sqrt{9}$, ou $100 + 15 - 3$, ou 112.

Il est évident que cette valeur numérique est toujours la même, dans quelque ordre qu'on prenne les termes.

CHAPITRE PREMIER.

OPÉRATIONS DE L'ALGÈBRE.

20. Les *opérations* de l'algèbre ont pour but de transformer des opérations indiquées, en d'autres opérations également indiquées qui produisent le même effet, mais dont l'écriture est plus simple ou mieux appropriée aux besoins de la question que l'on traite.

Réduction des Termes semblables.

21. La *réduction* des termes semblables est une opération par laquelle on réunit en un seul plusieurs termes semblables.

22. MÉTHODE. Pour faire cette opération, on additionne les coefficients des termes positifs, puis ceux des termes négatifs ; on retranche la plus faible somme de la plus forte, puis, à côté du reste affecté du signe de la plus forte somme, on écrit les lettres des termes semblables avec leurs exposants. Exemple : $4a^3b - 2a^3b + a^3b - 6a^3b = -3a^3b$.

DÉMONSTRATION. Dans les termes semblables, les lettres avec leurs exposants représentent toujours des quantités identiques. Les coefficients des termes positifs indiquent combien de fois il faut ajouter cette quantité séparément. Donc, la somme de ces coefficients indique combien de fois il faut les ajouter en tout; de même, la somme des coefficients négatifs indique combien de fois il faut retrancher la même quantité. Par suite, l'excès de la plus forte somme sur la plus faible indique combien de fois il reste à ajouter ou à retrancher cette quantité, suivant que cette somme a le signe + ou le signe —.

23. Il existe une autre espèce de réduction, par laquelle on réunit en un seul plusieurs termes qui, sans être semblables, ont cependant des facteurs littéraux ou numériques communs.

Pour opérer cette réduction, on n'écrit qu'une fois les facteurs communs, et puis on met à la suite, entre parenthèses, les facteurs non communs de chaque terme avec leurs signes respectifs. Exemple : $3a^3b - 6a^4b^3 + 3a^2b^2c$, revient à

$$3a^2b\,(a - 2a^2b^2 + bc).$$

Si tous les facteurs d'un terme entrent dans les autres, comme ce terme peut toujours être censé multiplié par l'unité, on doit écrire ce facteur dans la parenthèse avec le signe correspondant. Exemple : $a^2b - 4a^3b^2 = a^2b\,(1 - 4ab)$.

Si plusieurs des termes qui entrent dans la parenthèse ont encore quelque facteur commun, on peut introduire une deuxième parenthèse dans la première, mais il faut en varier la forme. Exemple : $2a^4b^3 + 10a^5b + 2a^3bc - 4a^2b^2c^2 =$

$$2a^2b\left\{a^2(b^2+5a) + c\,(a - 2bc)\right\}$$

ADDITION.

24. *L'addition algébrique* est une opération par laquelle on réunit plusieurs expressions en une seule, appelée *somme algébrique.*

25. Cas général. *Méthode.* Pour faire cette opération, on écrit les termes de toutes les expressions données les uns à la suite des autres, chacun avec son signe, et puis on fait la réduction.

$$\begin{array}{ll}
\text{Exemple :} & 3a^3b - a^5b^2 + 4a \\
 & -6a^3b + 4a^5b^2 \\
 & -3a^3b + 2a^5b^2 - a \\
\hline
\text{Somme...} & 3a^3b - a^5b^2 + 4a - 6a^3b + 4a^5b^2 - 3a^3b + 2a^5b^2 - a \\
\text{Réduction.} & -6a^3b + 5a^5b^2 + 3a
\end{array}$$

DÉMONSTRATION. Les différentes expressions à additionner étant des parties de la somme, il est évident que les termes qui sont ajoutés ou retranchés séparément dans chaque partie doivent être ajoutés ou retranchés quand ces parties sont réunies. Chaque terme conservera donc dans la somme le signe qu'il avait auparavant.

26. Ainsi, *pour additionner un terme pris avec sa valeur relative, on lui laisse son signe.*

REMARQUE. Dans l'addition algébrique, le mot *somme* n'entraîne pas, comme en arithmétique, l'idée d'augmentation; cela tient à la présence des quantités négatives.

SOUSTRACTION.

27. La *soustraction algébrique* est une opération par laquelle étant donné la somme de deux expressions et l'une d'elles, on se propose de trouver l'autre, qui porte le nom de *reste*, *excès* ou *différence*.

28. CAS GÉNÉRAL. *Méthode.* Pour effectuer cette opération, on écrit les termes de la somme avec leurs signes respectifs, et à la suite ceux de l'expression à soustraire en changeant leurs signes, puis on fait la réduction, s'il y a lieu.

Exemple : De $3a^4b+b$
A soustraire $2a^4b-m$

Reste. . . $3a^4b+b-2a^4b+m$
Réduction. . a^4b+b+m

DÉMONSTRATION. Si, à la suite de la somme, on écrit les termes de la partie à soustraire, d'abord avec leurs signes, et puis avec des signes contraires, le résultat aura évidemment la même valeur que la somme, et il deviendra $3a^4b+b+2a^4b-m-2a^4b+m$. Or, pour soustraire $2a^4b-m$ de cette expression, il n'y a qu'à supprimer ces termes, et le reste, comme il est aisé de le voir, se composera de la somme et des termes de la quantité à soustraire, pris avec des signes différents.

29. Donc, *toute quantité qu'on soustrait doit changer de signe.*

MULTIPLICATION.

30. La *multiplication algébrique* est une opération par laquelle on calcule une expression nommée *produit*, qui se compose avec une expression nommée *multiplicande*, comme une autre expression nommée *multiplicateur* est composée avec l'unité positive.

31. 1er Cas. *Multiplication d'un monome par un monome.*

Méthode. Il y a quatre règles à observer : 1° pour les signes, 2° pour les coefficients, 3° pour les exposants des lettres communes, 4° pour les lettres différentes.

1° Des signes égaux donnent + au produit, et des signes contraires donnent — au produit.

2° Les coefficients doivent être multipliés entre eux, et leur produit est le coefficient du produit des monomes.

3° Les exposants des lettres communes doivent être additionnés ; leur somme est au produit l'exposant de la lettre qu'ils affectaient dans les facteurs.

4° Les lettres différentes, quand il y en a, s'écrivent les unes à la suite des autres dans le produit.

Exemple : $(+3a^2bc) \times (+4a^3b^2) = +12a^5b^3c$

$(-2x^3y^2z) \times (+\ xy) = -\ 2x^4y^3z$

$(-3y^2bc^3) \times (-\frac{1}{2}y^4b^2c) = +\ \frac{3}{2}y^6b^3c^4$

$(+\ a^3bc) \times (-\ a^2m) = -\ a^5bcm$

Démonstration. 1° *Règle des signes.* Si le multiplicateur a le signe +, il est composé avec l'unité positive additionnée. Pour obtenir le produit, il faudra donc additionner le multiplicande, ou lui laisser son signe (26). Ainsi, + . + = + et — . + = —. Si le multiplicateur a le signe —, il est composé avec l'unité positive soustraite. Pour obtenir le produit, il faudra donc soustraire le multiplicande, ou changer son signe (29). Ainsi, + . — = — et — . — = +.

2° *Règle des coefficients.* On a vu en arithmétique que pour multiplier un nombre quelconque par un produit de plusieurs facteurs, il suffit de le multiplier successivement par chaque facteur. On peut donc multiplier le multiplicande d'abord par le coefficient, et puis par les autres facteurs du multiplicateur. Mais pour obtenir le premier produit, il suffit encore de multiplier un facteur ; par exemple, le coefficient du multiplicande par le coefficient du multiplicateur, ce qui justifie la règle énoncée.

3° *Règle des exposants.* Soit $a^2 \times a^3$: il suffit pour former ce produit de multiplier a^2 ou aa successivement par chacun des trois facteurs a de a^3, ce qui donne $aaaaa$ ou a^5. Le facteur a est donc répété dans le produit autant de fois qu'il l'est dans le multiplicande et dans le multiplicateur, et, par suite, l'exposant de a dans le produit sera égal à la somme des exposants de cette lettre dans les facteurs.

4° *Règle des lettres différentes.* Ces lettres étant des facteurs du multiplicateur, on ne peut qu'indiquer la multiplication du multiplicande par ces facteurs, ce qui se fait d'après la convention établie (4) en les écrivant à la suite.

32. Cas général. *Méthode.* Pour faire la multiplication algébrique, on multiplie tous les termes du multiplicande par chacun des termes du multiplicateur, et puis on fait la réduction s'il y a lieu.

Exemple. Multiplicande. $a^2b^2 + a^4 - 3a^3b$
Multiplicateur. $3b^2 - ab + 2a^2$

1er produit. . . $3a^2b^4 + 3a^4b^2 - 9a^3b^3$
2e produit. . . $-a^3b^3 - a^5b + 3a^4b^2$
3e produit. . . $2a^4b^2 + 2a^6 - 6a^5b$

Réduction. . . $3a^2b^4 + 8a^4b^2 - 10a^3b^3 - 7a^5b + 2a^6$

Démonstration. Soit l'exemple ci dessus. D'après la définition de la multiplication, le produit doit contenir le multiplicande $3b^2$ fois $-ab$ fois $+2a^2$ fois, ou être multiplié d'abord par $3b^2$, puis par $-ab$, et enfin par $2a^2$. Je dis d'abord que pour le multiplier par $3b^2$, il suffit de multiplier chacun de ses termes par $3b^2$. En effet, d'après le principe de la transposition des facteurs, on a $(a^2b^2 + a^4 - 3a^3b) \times 3b^2 = 3b^2 \times (a^2b^2 + a^4 - 3a^3b)$; mais pour effectuer cette seconde multiplication, il suffit de multiplier $3b^2$ par a^2b^2, puis par a^4 et enfin par $-3a^3b$, ce qui revient, d'après le même principe, à multiplier a^2b^2, puis a^4, et enfin $-3a^3b$, ou tous les termes du multiplicande par $3b^2$. On ferait d'ailleurs une démonstration semblable pour les deux autres termes $-ab + 2a^2$ du multiplicateur. La méthode est donc justifiée.

33. ⋆ 1re Remarque. Il résulte de la règle des signes que :

1° *Si l'on change tous les signes du multiplicande ou du multiplicateur, tous les signes du produit seront aussi changés.*

2° *Si l'on change à la fois les signes du multiplicande et ceux du multiplicateur, ceux du produit resteront les mêmes.*

34. * 3° *Dans un produit de plusieurs facteurs, si l'on change les signes dans un nombre pair de facteurs, les signes du produit ne seront pas modifiés ; ils le seraient, si on changeait les signes dans un nombre impair de facteurs.*

Ainsi, le produit $3a\,(2b-c)$ est égal au produit $-3a\,(c-2b)$. Au contraire, le produit $a\,(2a-3b)\,(c-d)$ diffère par les signes du produit $-a\,(3b-2a)\,(d-c)$. On dit, dans ce cas, que les produits sont égaux, *au signe près*.

35. * 2e Remarque. Il résulte de la règle des lettres et de celle des exposants que :

1° *Le degré d'un produit de deux termes est égal à la somme des degrés des facteurs.*

2° *Si le multiplicande est homogène, ainsi que le multiplicateur, le produit est encore homogène, et son degré d'homogénéité est égal à la somme des degrés des facteurs.*

36. Cas particuliers. Quand une même lettre entre à différentes puissances dans le multiplicande et dans le multiplicateur (ce qui a lieu dans la plupart des questions d'application de l'algèbre à la géométrie), on facilite les réductions en intervertissant les termes des deux facteurs, de manière que les exposants de cette lettre aillent en diminuant ou en augmentant ; c'est ce qu'on appelle *ordonner un polynome suivant les puissances décroissantes ou croissantes d'une lettre*. La lettre par rapport à laquelle on ordonne porte le nom de *lettre ordonnatrice* ou *lettre principale*. Soit l'exemple traité plus haut. On dispose le calcul de la manière suivante :

$$
\begin{array}{l}
a^4-3a^3b+a^2b^2 \\
2a^2-ab+3b^2 \\
\hline
2a^6-6a^5b+2a^4b^2 \\
\quad -a^5b+3a^4b^2-a^3b^3 \\
\qquad\qquad +3a^4b^2-9a^3b^3+3a^2b^4 \\
\hline
2a^6-7a^5b+8a^4b^2-10a^3b^3+3a^2b^4
\end{array}
$$

37. Si quelqu'un des polynomes, soit facteur, soit produit

partiel, n'est pas *complet*, c'est-à-dire s'il n'y a pas une unité de différence entre les exposants de la lettre ordonnatrice dans deux termes consécutifs, on laisse vide la place des termes qui manquent. Exemple :

$$\begin{array}{l}
2a^4 + a^3b - 5a^2b^2 \qquad\qquad -3b^4 \\
\;\; a^3b^2 - 2a^2b^3 - 4b^5 \\
\hline
2a^7b^2 + a^6b^3 - 5a^5b^4 \qquad\qquad -3a^3b^6 \\
\qquad -4a^6b^3 - 2a^5b^4 + 20a^4b^5 \qquad\qquad + 6a^2b^7 \\
\qquad\qquad\qquad - 8a^4b^5 - 4a^3b^6 + 20a^2b^7 + 12b^9 \\
\hline
2a^7b^2 - 3a^6b^3 - 7a^5b^4 + 12a^4b^5 - 7a^3b^6 + 26a^2b^7 + 12b^9
\end{array}$$

58. * Si la lettre ordonnatrice a le même exposant dans plusieurs termes, on l'écrit en facteur commun. Le coefficient de cette lettre est ainsi un polynome.

Soit $(2a^3b - a^3c + 4a^2b + a^2c)$ à multiplier par $(3a^2b + a^2c + ac - 5ab)$. Le multiplicande revient à $(2b-c)a^3 + (4b+c)a^2$, et le multiplicateur est $(3b+c)a^2 + (c-5b)a$.

Les coefficients de la lettre ordonnatrice étant des polynomes, doivent être multipliés à part, si l'on n'a pas assez d'usage pour le faire sur place.

Pour plus de commodité, on dispose ordinairement le calcul de la manière suivante :

$$\begin{array}{lr|r|r|r|}
 & 2b & a^3 + 4b & a^2 & \\
 & -c & +c & & \\
 & 3b & a^2 + c & a & \\
 & +c & -5b & & \\
\hline
\text{Produit par } 3b \mid a^2 & 6b^2 & a^5 \;\; +12b^2 & a^4 & \\
\qquad\quad +c & -3bc & +3bc & & \\
 & +2bc & +4bc & & \\
 & -c^2 & +c^2 & & \\
\text{Produit par } c \mid a & & +2bc & a^4 \;\; +4bc & a^3 \\
\qquad\quad -5b & & -c^2 & +c^2 & \\
 & & -10b^2 & -20b^2 & \\
 & & +5bc & -5bc & \\
\hline
 & 6b^2 & a^5 \;\; +2b^2 & a^4 \;\; +c^2 & a^3 \\
\text{Produit total.} \ldots & -bc & +14bc & -20b^2 & \\
 & -c^2 & & -bc &
\end{array}$$

N. B. La réduction a été faite dans les coefficients du produit total.

39. 1re Remarque sur le premier cas particulier. *Quand le multiplicande et le multiplicateur sont ordonnés suivant les puissances d'une lettre*, 1° *les produits partiels sont nécessairement ordonnés de la même manière.* En effet, les exposants de la lettre ordonnatrice dans les termes successifs de chaque produit partiel sont égaux à ceux de cette même lettre dans les termes successifs du multiplicande, augmentés d'une quantité constante qui est l'exposant du terme par lequel on a multiplié.

40. 2° *Le produit total est ordonné de la même manière que les facteurs.* C'est une conséquence de la disposition des calculs pour la réduction des termes semblables dans les produits partiels.

41. 3° *Le premier terme du produit total est le produit du premier terme du multiplicande par le premier terme du multiplicateur, et le dernier terme du produit total est le produit des deux derniers.* Cela est encore évident d'après la disposition des calculs; mais il est très important d'observer que ces termes ne se réduisent avec aucun autre, puisque le premier est le produit des deux termes où la lettre ordonnatrice a le plus fort exposant, et que le dernier est le produit des termes où cette lettre a l'exposant le plus faible. Ainsi, *le produit de deux polynomes a au moins deux termes.*

42. * 2e Remarque. Si, en ordonnant les facteurs par rapport à une lettre, on a des coefficients polynomes, comme ces sortes de coefficients rendent l'opération un peu compliquée, on essaie s'il n'est pas possible d'ordonner par rapport à une autre lettre dont les coefficients seraient plus simples. Ainsi, l'expression $ab-3a^2b+a^2b^3-4a^2b^4+a^2$, ordonnée par rapport à la lettre a, donne des coefficients polynomes, tandis qu'elle n'en donne pas si elle est ordonnée par rapport à b.

43. Nous donnerons, en terminant cet article, trois exemples de multiplication qui donnent lieu à de fréquentes applications.

Représentons deux quantités quelconques par a et b, et formons le carré de $(a+b)$, puis celui de $(a-b)$ et enfin le produit $(a+b)(a-b)$.

$a+b$	$a-b$	$a+b$
$a+b$	$a-b$	$a-b$
a^2+ab	a^2-ab	a^2+ab
$+ab+b^2$	$-ab+b^2$	$-ab-b^2$
$a^2+2ab+b^2$	$a^2-2ab+b^2$	$a^2 \quad -b^2$

Le résultat de la première multiplication peut s'énoncer ainsi : *le carré de la somme de deux quantités contient, le carré de la première, plus deux fois le produit de la première par la seconde, plus le carré de la seconde.*

Le résultat de la seconde s'énonce ainsi : *le carré de la différence de deux quantités contient, le carré de la première, moins deux fois le produit de la première par la seconde, plus le carré de la seconde.*

Le résultat de la troisième s'énonce ainsi : *le produit de la somme de deux quantités par leur différence est égal à la différence des carrés de ces deux quantités.*

DIVISION.

41. La *division algébrique* est une opération par laquelle étant donné un produit de deux expressions nommé *dividende*, et l'une de ces expressions nommée *diviseur*, on se propose de trouver l'autre expression nommée *quotient*.

42. 1er Cas. *Division d'un monome par un monome.*

Méthode. Il y a quatre règles à observer.

1o Des signes égaux donnent +, et des signes contraires donnent — au quotient.

2o Le coefficient du dividende doit être divisé par celui du diviseur ; le quotient de ces deux nombres est le coefficient du quotient demandé.

3o L'exposant d'une lettre dans le diviseur doit être retranché de celui de la même lettre dans le dividende ; le reste est l'exposant de cette lettre au quotient.

4o Les lettres du dividende qui ne se trouvent pas dans le diviseur doivent être placées au quotient avec leurs exposants.

Exemples.

$$\frac{+6a^2b^3c}{+2ab^2} = +3abc\,; \qquad \frac{+8a^5b^3cd}{-4abc} = -2a^4b^2c^0d$$

$$\frac{-10a^3b^2c^3}{+2ab} = -5a^2bc^3; \qquad \frac{-12a^4b^2c^2d}{-3abcd^5} = +4a^3bcd^{-4}$$

DÉMONSTRATION. Ces règles sont une conséquence de celles qui ont été données pour la multiplication. En effet :

1° *Règle des signes.* Quand le dividende a le signe +, ses facteurs doivent avoir des signes égaux ; par conséquent, si le diviseur a le signe + ou —, le quotient aura aussi le signe + ou —.

Quand le dividende a le signe —, ses facteurs doivent avoir des signes contraires ; par conséquent, si le diviseur a le signe + ou —, le quotient aura le signe — ou +.

En résumé, $+ : + = +$, $+ : - = -$, $- : + = -$, $- : - = +$.

2° *Règle des coefficients.* Puisque le coefficient du dividende est le produit de celui du diviseur par celui du quotient, il suffit de faire la division du premier par le second pour avoir le coefficient demandé.

3° *Règle des exposants.* L'exposant, dans le dividende, est la somme des exposants du diviseur et du quotient. L'exposant dans le quotient est donc la différence des exposants de la lettre commune au dividende et au diviseur.

4° *Règle des lettres.* Puisque le dividende contient toutes les lettres de ses deux facteurs, celles qui ne sont pas au diviseur doivent nécessairement se trouver au quotient.

46. 1re REMARQUE. Le second et le quatrième exemples contiennent, l'un l'exposant 0 et l'autre un exposant négatif. Ces exposants n'indiquent pas une puissance ; ils sont simplement des symboles. L'exposant 0 montre que l'exposant du dividende est égal à celui du diviseur, et l'exposant négatif signifie que l'exposant du diviseur est plus fort que celui du dividende. Voyons maintenant quelle est la valeur d'une quantité affectée de tels exposants.

47. *Toute quantité affectée de l'exposant 0 est égale à l'unité.* En effet, l'exposant 0 indiquant que la lettre qu'il affecte a

le même exposant dans le dividende et dans le diviseur, ceux-ci doivent être égaux, et le quotient de la division est nécessairement l'unité.

Exemple : $a^2 : a^2 = a^0 = 1$ parce que a^2 contient a^2 une fois.

Ordinairement on n'écrit pas une quantité affectée de l'exposant 0, puisqu'elle représente un facteur égal à l'unité. Si quelquefois on fait usage d'une telle notation, c'est pour conserver dans un calcul la trace d'une lettre qui entrait dans l'énoncé d'une question.

48. *Toute quantité affectée d'un exposant négatif est égale à l'unité divisée par cette quantité affectée du même exposant, mais pris positivement.* En effet, avant de faire la division, on peut simplifier le dividende et le diviseur en les divisant l'un et l'autre par la puissance qui se trouve dans le dividende ; alors le dividende deviendra égal à l'unité, et le diviseur aura pour exposant la différence des exposants primitifs du diviseur et du dividende, différence égale, au signe près, à celle qu'on aurait obtenue en appliquant la règle des exposants.

Exemple : $a^3 : a^5 = a^{-2} = (a^3 : a^3) : (a^5 : a^3) = 1 : a^2$

Quand un quotient renferme des exposants négatifs, il n'est pas entier. On n'emploie ces sortes d'exposants que pour donner à des polynomes la forme entière.

49. 2e REMARQUE. Il résulte des règles ci-dessus, que trois conditions sont nécessaires pour que le quotient de deux monomes soit entier : 1o *le coefficient du dividende doit être divisible par celui du diviseur ; 2o l'exposant du dividende doit être plus fort que celui du diviseur ; 3o le diviseur ne doit renfermer que des lettres qui soient dans le dividende.*

50. CAS GÉNÉRAL. *Division des polynomes.* MÉTHODE. Pour diviser un polynome par un polynome, on ordonne le dividende et le diviseur par rapport aux puissances d'une même lettre ; on divise le premier terme du dividende par le premier terme du diviseur ; on multiplie le diviseur par le quotient et on retranche du dividende ce produit, ce qui se fait facilement en changeant ses signes. Le reste se compose alors du dividende et de ce produit ainsi modifié. On fait la réduction, puis l'on ordonne le résultat, après quoi on en divise le premier terme de ce nouveau dividende par le premier du diviseur, et ainsi de suite.

La division s'arrête lorsqu'on ne peut plus faire exactement la division des premiers termes, c'est-à-dire lorsqu'on arrive à des exposants négatifs, en supposant qu'on a ordonné suivant les puissances décroissantes. Mais si l'on a ordonné suivant les puissances croissantes, la division s'arrête lorsqu'on arrive à un reste dont l'exposant de la lettre ordonnatrice dans le premier terme est plus grand que la différence des exposants de cette lettre dans le dernier terme du dividende et le dernier terme du diviseur. Alors, le reste s'écrit à la suite du quotient, en donnant à ce reste le diviseur pour dénominateur.

Dans la pratique, on n'écrit pas le premier terme des produits partiels, parce qu'on sait qu'il doit se réduire avec le premier terme du dividende; on se contente de barrer celui-ci.

1er Exemple :

$$\begin{array}{lr|ll}
\text{Dividende ordonné.} & 6a^3b-11a^2b^2+6ab^3-b^4 & 2a-b & \text{Diviseur ordonné.} \\
 & +\ 3a^2b^2 & 3a^2b-4ab^2+b^3 & \text{Quotient.} \\
\text{1er reste.} \ldots\ldots & -\ 8a^2b^2+6ab^3-b^4 & & \\
 & -4ab^3 & & \\
\text{2e reste.} \ldots\ldots\ldots\ldots & 2ab^3-b^4 & & \\
 & +b^4 & & \\
\text{3e reste.} \ldots\ldots\ldots\ldots\ldots\ldots & 0 & &
\end{array}$$

2e Exemple :

$$\begin{array}{r|l}
6a^5b-14a^4b^2+4a^3b^3+3a^2b^4+ab^5 & 2a^3b-4a^2b^2 \\
+12a^4b^2 & \\
-\ 2a^4b^2+4a^3b^3+3a^2b^4+ab^5 & 3a^2-ab\ +\ \dfrac{3a^2b^4+\ ab^5}{2a^3b-4a^2b^2} \\
-4a^3b^3 & \\
+3a^2b^4+ab^5 &
\end{array}$$

3e Exemple :

$$\begin{array}{r|l}
2+a+3a^2+5a^3 & 1-a^2 \\
+2a^2 & \\
a+5a^2+5a^3 & 2+a+\dfrac{5a^2+6a^3}{1-a^2} \\
+\ a^3 & \\
+5a^2+6a^3 &
\end{array}$$

51. * Si les coefficients ne sont pas considérables, on peut abréger les calculs en faisant la soustraction et la réduction à la fois ; mais il faut avoir soin, pour ne pas s'exposer à commettre d'erreur, de barrer les termes du dividende qui sont entrés dans une réduction.

Exemple :

$$\begin{array}{r|l}
4a^4b-9a^3b^2+14a^2b^3-3ab^4 & 4a^2-ab \\
-8a^3b^2.\;.\;.\;.\;.\;.\;.\;.\;.\;. & \overline{a^2b-2ab^2+3b^3} \\
+12a^2b^3.\;.\;.\;.\;. & \\
0 &
\end{array}$$

32. * Dans le cas où les coefficients sont des polynomes, il faut diviser à part le coefficient du premier terme de chaque dividende par le coefficient du premier terme du diviseur.

Exemple :

$$\begin{array}{r|l r|l r|l|l}
6b^2 & a^5 & +\;2b^2 & a^4 & +\;c^2 & a^3 & \begin{array}{r|l r|l} 2b & a^3 & +4b & a^2 \\ -c & & +\;c & \end{array} \\
-\;bc & & +14bc & & -20b^2 & & \\
-\;c^2 & & & & -\;bc & & \begin{array}{r|l r|l} \hline 3b & a^2 & -5b & a \\ +c & & +\;c & \end{array}
\end{array}$$

$$\begin{array}{r|l}
-12b^2 & a^4 \\
-\;3bc & \\
-\;4bc & \\
-\;c^2 & \\ \hline
-10b^2 & a^4 \\
+\;7bc & \\
-\;c^2 &
\end{array}$$

$$\begin{array}{r|l}
+20b^2 & a^3 \\
+\;5bc & \\
-\;4bc & \\
-\;c^2 & \\ \hline
0 &
\end{array}$$

1re Division partielle. $\begin{array}{r|l} 6b^2-\;bc-c^2 & 2b-c \\ +2bc.\;.\; & \overline{3b+c} \\ 0 & \end{array}$

2e Division partielle. $\begin{array}{r|l} -10b^2+7bc-c^2 & 2b-c \\ +2bc.\;.\; & \overline{-5b+c} \\ 0 & \end{array}$

DÉMONSTRATION DU CAS GÉNÉRAL.

N. B. Cette démonstration s'applique aussi aux deux exemples qui précèdent, car les opérations sont dans le fond tout-à-fait les mêmes que dans le cas du premier exemple.

Après avoir ordonné le dividende et le diviseur suivant les puissances décroissantes par exemple d'une même lettre, il suffit de diviser le premier terme du dividende par le premier terme du diviseur; parce que le premier terme du dividende, comme on l'a vu dans la multiplication, est le produit du premier terme du diviseur par le premier terme du quotient.

Si l'on fait le produit du diviseur par ce premier terme du quotient et qu'on retranche ce produit du dividende, le reste ne contiendra plus que la somme des produits du diviseur par les autres termes du quotient.

Quand on a ordonné le reste, le premier terme de ce reste est nécessairement égal au produit du premier terme du diviseur par le second terme du quotient, comme on l'a vu dans la multiplication; il faut donc faire une division semblable à la première, et ainsi de suite.

33. *Remarques. 1° Pour éviter des coefficients polynomes, il faut avoir soin d'ordonner par rapport à la lettre qui est la plus répétée aux diverses puissances.

2° La démonstration ci-dessus ne suppose pas qu'il soit nécessaire de conserver, dans tout le cours de l'opération, la même lettre ordonnatrice; on peut, après une soustraction, ordonner le reste et le diviseur suivant les puissances d'une autre lettre.

3° On peut même se dispenser d'ordonner, pourvu qu'on divise le terme du dividende qui contient le plus fort ou le plus faible exposant d'une lettre quelconque, par celui du diviseur où cet exposant est aussi le plus fort ou le plus faible.

4° Si l'on change les signes dans le dividende ou dans le diviseur, les signes du quotient sont changés; ils resteraient les mêmes au quotient, si l'on changeait à la fois ceux du dividende et du diviseur. C'est une conséquence de la règle des signes.

34. Cas particuliers. 1° Quand le diviseur est un monome, il suffit de diviser chaque terme du dividende par le diviseur.

Exemple :

Soit $(6a^3x^5-8a^4x^6+2a^2x^3)$ à diviser par $2a^2x^2$
Le quotient est : $3ax^3-4a^2x^4+x$.

DÉMONSTRATION. Ce quotient est exact ; car, en le multipliant par le diviseur, on retrouve le dividende, comme il est facile de le vérifier. Donc, *pour que le quotient d'un polynome par un monome soit entier, il faut et il suffit que chaque terme soit divisible par le diviseur.*

55. 2° Quand le diviseur ne contient pas la lettre ordonnatrice, on peut employer deux méthodes : la première consiste à ordonner suivant une autre lettre ; la seconde est plus simple, elle consiste à diviser tous les coefficients de la lettre ordonnatrice par le diviseur. (Il ne faut pas oublier que les termes qui ne contiennent pas la lettre ordonnatrice dans le dividende sont regardés comme formant le coefficient de cette lettre affectée de l'exposant 0). Exemple :

Soit le polynome $(a^2-b^2)\,x^2+(a^2+2ab+b^2)\,x+(a+b)$ à diviser par $a+b$.

Le quotient est : $\dfrac{a^2-b^2}{a+b}x^2+\dfrac{a^2+2ab+b^2}{a+b}x+\dfrac{a+b}{a+b}$

ou bien : $(a-b)\,x^2+(a+b)\,x+1$.

La démonstration est la même que celle de l'article précédent.

Pour que le quotient d'un polynome ordonné par rapport à une lettre soit exactement divisible par un polynome INDÉPENDANT *de cette lettre, il faut et il suffit que les coefficients du dividende soient séparément divisibles par le diviseur.*

56. * CAS D'IMPOSSIBILITÉ. On peut souvent, avant de faire la division, connaître si le quotient ne sera pas entier. Nous indiquerons plusieurs cas où il en est ainsi.

1° *Si le dividende est un monome et le diviseur un polynome, il est clair que le quotient ne sera pas entier,* car la multiplication d'un polynome par une quantité entière ne peut jamais donner un monome au produit (41).

2° On a vu quelles sont les conditions nécessaires et suffisantes pour que les deux cas particuliers développés ci-dessus (54-55) donnent des quotients entiers. Quand ces conditions ne sont pas remplies, les quotients sont fractionnaires.

3° *Si le diviseur contient quelque lettre qui ne soit pas au dividende, le quotient n'est pas entier;* car s'il l'était, en le multipliant par le diviseur, on devrait trouver au dividende toutes les lettres du diviseur.

4° Avant de faire la division, on peut voir si, en ordonnant de plusieurs manières, le premier terme du dividende est toujours divisible par le premier terme du diviseur; quand il n'en est pas ainsi, le quotient ne peut être entier.

Il est évident, en effet, que le premier terme du quotient sera fractionnaire. Je dis de plus que le quotient le sera aussi; car, s'il n'en était pas ainsi, il faudrait qu'il y eût dans le quotient un autre terme fractionnaire qui, par la réduction, détruisît le premier. Mais ce terme, qui devrait avoir les mêmes lettres et les mêmes exposants, ne pourrait provenir que de la division d'un terme semblable au premier terme du dividende. Or, comme il a été dit dans la multiplication, ce terme est, par rapport à la lettre ordonnatrice, d'un degré au moins, plus fort ou plus faible que tous ceux qui peuvent suivre, selon qu'on a ordonné, suivant les puissances décroissantes ou croissantes. Donc, il est seul; donc, toutes les divisions subséquentes ne pourront amener le même quotient, au signe près, que ce terme; donc, enfin, le quotient ne peut être entier.

37. * Nous terminerons en donnant deux exemples de division qui conduisent à des résultats remarquables.

1er Exemple :

Si l'on divise la différence de deux puissances quelconques de deux quantités x, a, par la différence des racines, ou bien x^m-a^m par $x-a$, le quotient est égal à

$$x^{m-1}+ax^{m-2}+a^2x^{m-3}+a^3x^{m-4}+\ \ldots\ldots\ a^{m-2}x+a^{m-1}$$

Les points remplacent les termes intermédiaires.

2e Exemple :

Si l'on divise le polynome $x^m+px^{m-1}+qx^{m-2}+\ldots\ldots+tx+u$ par $x-a$, le quotient est $x^{m-1}+(a+p)x^{m-2}+(a^2+pa+q)x^{m-3}+\ldots\ldots+(a^{m-1}+pa^{m-2}+qa^{m-3}+\ldots\ldots t)$, et le reste est $a^m+pa^{m-1}+qa^{m-2}+\ldots\ldots+ta+u$.

Le reste n'est autre chose que le dividende, dans lequel on aurait remplacé x par a. Si donc a est une quantité qui rend ce reste nul, le polynome est divisible par $x-a$.

Ainsi, *quand une quantité* a *rend nulle une fonction quelconque de* x, *cette fonction est divisible par* x—a.

Ce principe est d'une très haute importance en algèbre.

FRACTIONS ALGÉBRIQUES.

58. Toute division indiquée porte le nom de *fraction algébrique*.

$$\text{Exemple : } \frac{a}{b}, \frac{a^2-b^2}{a+b}$$

59. *Une fraction ne change pas de valeur lorsqu'on multiplie ou qu'on divise ses deux termes par une même quantité.* En effet, désignant par q la valeur d'une fraction $\frac{a}{b}$, nous aurons

$$\frac{a}{b}=q, \text{ d'où } a=bq.$$

Multipliant de part et d'autre par m, il vient

$$am=bqm, \text{ ou } am=q\times bm.$$

Divisant les deux membres par bm, il vient, enfin,

$$\frac{am}{bm}=q=\frac{a}{b}$$

Cette démonstration s'applique évidemment au cas où m est égal à une fraction $\frac{1}{n}$

De ce principe résulte la réduction des fractions à leur plus simple expression, et la réduction des fractions au même dénominateur.

Réduction des Fractions au même Dénominateur.

60. 1re MÉTHODE. On multiplie les deux termes de chaque fraction par le produit des dénominateurs des autres.

Exemple : Les fractions $\frac{a}{b}, \frac{c}{2m}, \frac{k}{a+b}$, sont équivalentes à

$$\frac{2am(a+b)}{2bm(a+b)}, \frac{bc(a+b)}{2bm(a+b)}, \frac{2kbm}{2bm(a+b)}$$

61. 2e MÉTHODE. S'il y a dans plusieurs dénominateurs des facteurs communs, on fait le produit de tous les facteurs en

donnant à chacun de ceux qui sont communs le plus haut exposant dont il est affecté dans les dénominateurs. Ce produit est leur plus petit multiple ; puis on divise ce produit par chaque dénominateur, et l'on multiplie les deux termes de chaque fraction par les quotients respectifs.

Exemple : Soient les fractions $\frac{a}{2b^2c}$, $\frac{b}{3a^2}$, $\frac{c}{ab}$, $\frac{d}{6a^2b^2}$

Le plus petit multiple des dénominateurs est $6a^2b^2c$, et les fractions données sont équivalentes à

$$\frac{3a^3}{6a^2b^2c},\ \frac{2b^3c}{6a^2b^2c},\ \frac{6abc^2}{6a^2b^2c},\ \frac{cd}{6a^2b^2c}$$

Les deux termes de chaque fraction ayant été multipliés par les quotients respectifs

$$3a^2,\ 2b^2c,\ 6abc,\ c.$$

Nous croyons inutile de donner une démonstration.

Réduction des Fractions à leur plus simple expression.

62. La règle consiste à diviser les deux termes par tous leurs facteurs communs.

Exemple : $\frac{5a^2b^4c}{10a^3bc^2}=\frac{b^3}{2ac}$, $\frac{a^2-a^2b}{a^3+a^2}=\frac{a^2\,(1-b)}{a^2\,(a+1)}=\frac{1-b}{a+1}$

Transformation des Entiers en Expressions fractionnaires, et réciproquement.

63. Pour transformer un entier en une expression fractionnaire équivalente dont le dénominateur soit donné, on multiplie cet entier par le dénominateur donné, et l'on écrit le dénominateur au-dessous du produit.

Exemple : $a=\frac{ab}{b}$

Ici le dénominateur donné est b.

Pour extraire les entiers contenus dans une expression fractionnaire, on divise le numérateur par le dénominateur.

Exemple : $\frac{a^2-b^2}{a+b}=a-b.$

Addition des Fractions.

64. MÉTHODE. 1° On réduit les fractions au même dénominateur ; 2° on fait l'addition des numérateurs ; 3° on donne au résultat le dénominateur commun.

Exemple : $\frac{a}{b}+\frac{c}{d}+\frac{m}{n}=\frac{adn}{bdn}+\frac{cbn}{bdn}+\frac{mbd}{bdn}=\frac{adn+cbn+mbd}{bdn}$

DÉMONSTRATION. Soient les fractions réduites au même dénominateur :

$$\frac{l}{k},\ \frac{m}{k},\ \frac{n}{k},$$

posons $\frac{l}{k}=p,\ \frac{m}{k}=q,\ \frac{n}{k}=r,$

il vient $l=kp,\ m=kq,\ n=kr\,;$

d'où $l+m+n=kp+kq+kr=k\,(p+q+r)\,;$

d'où enfin $\frac{l+m+n}{k}=p+q+r\,;$

ce qu'il fallait démontrer.

REMARQUE. S'il y a des entiers unis aux fractions, on les convertit en expressions fractionnaires.

Soustraction des Fractions.

65. MÉTHODE. 1° On réduit les fractions au même dénominateur; 2° on soustrait le numérateur de la seconde du numérateur de la première; 3° on donne au résultat le dénominateur commun.

Exemple :

$$\frac{a}{a+b}-\frac{b-c}{a-b}=\frac{a^2-ab}{a^2-b^2}-\frac{ab-ac+b^2-bc}{a^2-b^2}=\frac{a^2-2ab+ac-b^2+bc}{a^2-b^2}$$

DÉMONSTRATION. Soient les fractions $\frac{m}{k}$, $\frac{n}{k}$, réduites déjà au même dénominateur,

posons $\frac{m}{k}=p$, $\frac{n}{k}=q$,

il vient $m=kp$, $n=kq$;

d'où $m-n=kp-kq=k(p-q)$;

d'où enfin $\frac{m-n}{k}=p-q$,

ce qu'il fallait démontrer.

REMARQUE. S'il y avait des entiers unis aux fractions, on les transformerait en expressions fractionnaires.

Multiplication des Fractions.

66. MÉTHODE. On multiplie les fractions terme à terme, les produits sont respectivement le numérateur et le dénominateur de la fraction résultante.

Exemple : $\frac{a}{b}\times\frac{c}{d}=\frac{ac}{bd}$

DÉMONSTRATION. Soit $\frac{a}{b}=p$, $\frac{c}{d}=q$.

On a $a=bp$, $c=dq$;

d'où $ac=bpdq$;

d'où enfin $\frac{ac}{bd}=pq$.

REMARQUE. Dans le cas où des entiers seraient facteurs, on pourrait les mettre sous la forme fractionnaire, en leur donnant l'unité pour dénominateur.

Exemple : $\frac{a}{b}\times m=\frac{a}{b}\times\frac{m}{1}=\frac{am}{b}$

Division des Fractions.

67. MÉTHODE. On multiplie la fraction dividende par la fraction diviseur renversée.

Exemple : $\frac{a}{b} : \frac{c}{d} = \frac{ad}{bc}$

DÉMONSTRATION. Soit $\frac{a}{b} = p$, $\frac{c}{d} = q$.

Il vient $a = bp$, $c = dq$;

d'où $adq = cbp$.

Divisant de part et d'autre par cbq,

on a $\frac{ad}{cb} = \frac{p}{q}$

c'est ce qu'il fallait démontrer,

car $\frac{ad}{cb} = \frac{a}{b} \times \frac{d}{c}$

REMARQUE. Si le dividende ou le diviseur est entier, on met l'entier sous la forme fractionnaire, en lui donnant l'unité pour dénominateur.

Exemple : $\frac{a}{b} : m = \frac{a}{b} : \frac{m}{1} = \frac{a}{b} \times \frac{1}{m} = \frac{a}{bm}$

68. Nous terminerons ce qui regarde les opérations sur les fractions, par un exemple de calcul algébrique appliqué à la réduction des fractions à leur plus simple expression.

Si le numérateur et le dénominateur sont un peu compliqués, par exemple si les deux termes de la fraction contiennent des multiplicateurs polynomes entiers ou fractionnaires, on réunit en un seul tous les termes de chaque multiplicateur en mettant en évidence les facteurs communs qu'on peut découvrir, après quoi l'on supprime tous les facteurs communs qui multiplient ou qui divisent le numérateur et le dénominateur.

Exemple. Soit la fraction

$$\frac{\left(\frac{ax+b}{2a}-\frac{bx-a}{2b}\right)\left(\frac{x+y}{3}+\frac{x-\frac{2y}{3}}{2}\right)}{\frac{5}{6}\left(\frac{x+y}{2}-\frac{x-y}{2}\right)\left(\frac{a^2+b^2}{2ab}\right)}$$

Le premier facteur du numérateur transformé en une seule fraction est égal à

$$\frac{abx+b^2-abx+a^2}{2ab}$$

ou en réduisant, il est égal à

$$\frac{a^2+b^2}{2ab}$$

Le second facteur revient à $\frac{5x}{6}$

Le premier facteur du dénominateur revient à $\frac{5}{6}y$.

Enfin, le second facteur n'a pas besoin de transformation. Ainsi, la fraction proposée est égale à celle-ci :

$$\frac{\frac{a^2+b^2}{2ab}\times\frac{5}{6}x}{\frac{5}{6}y\times\frac{a^2+b^2}{2ab}}$$

Laquelle, en supprimant tous les facteurs communs, est égale à $\frac{x}{y}$

* Interprétation des Symboles $\frac{0}{m}$, $\frac{m}{0}$, $\frac{m}{\infty}$, $\frac{0}{0}$, $\frac{\infty}{\infty}$

69. 1° Quand, le dénominateur d'une fraction restant constant, on fait diminuer le numérateur jusqu'à zéro, la valeur de la fraction diminue aussi jusqu'à zéro.

Ainsi. $\frac{0}{m}=0$. En effet, $0=0\times m$.

2° Quand, le numérateur restant constant, on fait diminuer le dénominateur jusqu'à zéro, la fraction augmente indéfiniment jusqu'à devenir plus grande que toute quantité donnée ; on dit alors que sa valeur est infinie, et on la représente par le signe ∞.

Ainsi, $\frac{m}{0}=\infty$. En effet, on a $\frac{m}{\frac{1}{10}}<\frac{m}{\frac{1}{100}}<\frac{m}{\frac{1}{1000}}$, etc. ;

car, $\frac{m}{\frac{1}{10}}=10m$, $\frac{m}{\frac{1}{100}}=100m$, $\frac{m}{\frac{1}{1000}}=1000m$, etc.

On tire de là $m=0\times\infty$. Or, m pouvant représenter une quantité finie quelconque, l'on dit que la valeur de $0\times\infty$ est *indéterminée*.

3° Quand, le numérateur restant constant, le dénominateur augmente jusqu'à l'infini, la fraction diminue jusqu'à zéro.

Ainsi, $\frac{m}{\infty}=0$. En effet, $\frac{m}{\infty}=\frac{m}{\frac{1}{0}}=m\times0=0$.

4° Quand les deux termes d'une fraction se réduisent à zéro, la valeur de la fraction $\frac{0}{0}$ est, en général, indéterminée. En effet, une quantité finie quelconque, multipliée par 0, donne 0 au produit.

5° Quand les deux termes d'une fraction sont infinis, la valeur de la fraction $\frac{\infty}{\infty}$ est, en général, indéterminée.

En effet, $\frac{\infty}{\infty}=\frac{\frac{1}{0}}{\frac{1}{0}}=\frac{1}{0}\times\frac{0}{1}=\frac{0}{0}$

* Détermination de la valeur des Fractions qui se présentent sous la forme de $\frac{0}{0}$.

70. Quand on connaît la fraction primitive qui pour certaines valeurs particulières des quantités qu'elle contient prend la forme $\frac{0}{0}$, il faut rechercher quel est le facteur commun à ses deux termes qui, en devenant nul, fait prendre à la fraction la forme $\frac{0}{0}$. On supprime alors ce facteur commun, et puis l'on voit ce que devient la fraction en donnant aux quantités qu'elle renferme les valeurs particulières supposées.

Exemple. Soit la fraction $\frac{x+1}{x^2-1}$

qui devient $\frac{0}{0}$ pour $x=-1$.

Cette fraction est égale à $\frac{x+1}{(x-1)(x+1)}$

En supprimant $(x+1)$ facteur commun aux deux termes, elle devient $\frac{1}{x-1}$; et si dans cette dernière fraction on suppose $x=-1$,

elle a pour valeur $\frac{1}{-2}=-\frac{1}{2}$

CHAPITRE DEUXIÈME.

ÉQUATIONS.

71. On appelle *équation* une égalité qui contient des quantités inconnues.

Les quantités inconnues se représentent ordinairement par les dernières lettres de l'alphabet.

Une équation est *numérique* ou *littérale*, suivant que les quantités connues sont exprimées par des nombres ou désignées par des lettres.

Le degré d'une équation est égal à la somme des exposants des inconnues, prise dans le terme où cette somme est la plus forte.

Quand les données d'une question fournissent autant d'équations distinctes qu'il y a d'inconnues, ces équations sont dites en général déterminées.

Quand on a moins d'équations que d'inconnues, ces équations sont indéterminées.

Résoudre un système d'équations, c'est chercher les valeurs des inconnues qu'elles renferment.

Equations déterminées du premier degré.

Résolution des Equations à une seule inconnue.

72. MÉTHODE. Pour résoudre une équation du premier degré à une seule inconnue, il faut : 1° faire évanouir les dénominateurs, s'il y en a ; 2° mettre dans le premier membre les termes qui contiennent l'inconnue, et dans le second membre les termes connus ; 3° faire la réduction ; 4° diviser les deux membres par les coefficients de l'inconnue ; 5° si l'inconnue a le signe —, changer les signes des deux membres ; le second membre est alors la valeur de l'inconnue ; 6° vérifier la valeur trouvée. Reprenons :

1° *il faut faire évanouir les dénominateurs.* Il suffit pour cela de multiplier tous les termes par le produit des dénominateurs, ou mieux par leur plus petit multiple. Ce dernier procédé présente l'avantage de donner aux termes des coefficients aussi petits que possible. En réduisant à leur plus simple expression les termes qui avaient des dénominateurs, ceux-ci disparaissent. Ces méthodes reposent sur le principe évident : qu'on peut multiplier deux quantités égales par une même quantité, sans troubler l'égalité.

2° *Mettre les termes inconnus dans le premier membre, et les termes connus dans le second.* Pour transposer un terme d'un membre dans l'autre, il faut l'écrire dans celui-ci avec un signe contraire. En effet, supprimer un terme d'un membre, c'est le retrancher ; il faut donc, pour qu'il y ait égalité, le retrancher dans l'autre membre ou changer son signe.

3° *Faire la réduction ordinaire*, ou *mettre l'inconnue en facteur commun*, si l'équation est littérale.

4° *Diviser les deux membres par le coefficient de l'inconnue* ; ce qui se peut évidemment sans troubler l'égalité.

5° *Si l'inconnue a le signe —, changer les signes des deux membres.* L'égalité n'est pas troublée, car cela revient à multiplier les deux membres par —1. Le résultat fait connaître la valeur de l'inconnue.

6° *On vérifie la valeur trouvée*, en mettant cette valeur à la place de l'inconnue dans l'équation. Si par cette substitution on obtient une *identité*, c'est-à-dire si les deux membres sont évidemment égaux, la valeur trouvée est exacte.

N. B. Dans cette substitution, il faut faire attention au signe que porte avec elle la valeur de l'inconnue. Si cette valeur est positive, les termes de l'équation qui contiennent l'inconnue garderont leur signe; si cette valeur est négative, ces mêmes termes devront changer de signe.

1er Exemple :

Soit l'équation.	$2x-\frac{x}{3}+\frac{x}{2}=x+7$
Evanouissement des dénominateurs.	$12x-2x+3x=6x+42$
Transposition des termes.	$12x-2x+3x-6x=42$
Réduction.	$7x=42$
Division par le coefficient.	$x=\frac{42}{7}=6$
Vérification.	$2\times6-\frac{6}{3}+\frac{6}{2}=6+7$
Ou bien.	$13=13$ identité.
Donc la valeur.	$x=6$ est exacte.

2e Exemple :

Soit l'équation. . . .	$\frac{x}{3}-x=x+10$
1re Opération. . . .	$x-3x=3x+30$
2e Opération. . . .	$x-3x-3x=30$
3e Opération. . . .	$-5x=30$
4e Opération. . . .	$-x=\frac{30}{5}$
5e Opération. . . .	$x=-\frac{30}{5}=-6$
Vérification.	$-\frac{6}{3}+6=-6+10$
Ou bien.	$4=4$ identité.
Donc la valeur. . .	$x=-6$ est exacte.

3e Exemple :

Soit l'équation littérale. . $ax=\frac{x}{m}+b$

1re Opération. . . . . . . $max=x+mb$

2e Opération. . . . . . . $max-x=mb$

3e Opération. . . . . . . $x\,(ma-1)=mb$

4e Opération. . . . . . . $x=\frac{mb}{ma-1}$

Vérification. . . . . . . $\frac{amb}{ma-1}=\frac{b}{ma-1}+b$

Multipliant par $(ma-1)$. $amb=b+b\,(ma-1)$

Transposant b. . . . . $am-b=b\,(ma-1)$

Ou enfin. . . . . $b\,(am-1)=b\,(am-1)$ identité.

Donc. . . . . $x=\frac{mb}{ma-1}$ est la valeur exacte.

Remarque. Quand on a acquis assez d'usage, on résout les équations plus rapidement, en faisant à la fois plusieurs des opérations que nous avons indiquées successivement pour plus de clarté.

Résolution des Equations du premier degré à plusieurs inconnues.

73. Pour résoudre ces équations, on cherche d'abord la valeur d'une inconnue, en faisant disparaître les autres par une opération qui porte le nom d'*élimination*. Il y a plusieurs méthodes d'élimination ; nous indiquerons les principales.

74. 1re Méthode. *Élimination par comparaison.* Cette méthode consiste : 1° à tirer de chaque équation la valeur de l'inconnue qu'on veut éliminer en fonction des autres ; 2° à égaler deux à deux ces valeurs ; les équations résultantes ne contiennent plus cette inconnue ; 3° à répéter successivement sur les équations résultantes les mêmes opérations, jusqu'à ce qu'on arrive à une équation qui ne contienne plus qu'une inconnue, équation qu'on résout comme il a été dit en son lieu ; 4° à substituer la valeur trouvée dans l'expression de l'inconnue précédemment éliminée ; cette substitution fait trouver la valeur de cette seconde inconnue ; 5° à substituer successivement les valeurs trouvées dans les expressions des autres inconnues, ce qui les fait connaître toutes ; 6° on fait la vérification comme

à l'ordinaire. Pour que les valeurs trouvées soient exactes, il faut que toutes les équations deviennent des identités.

Exemple. Soit le système d'équations

$$x+y+z=30\,,\quad x-y-z=10\,,\quad 2x+y-z=42.$$

Supposé qu'on veuille éliminer x. On tire :

de la première, $x=30-y-z$;

de la seconde, $x=10+y+z$;

de la troisième, $x=\frac{42-y+z}{2}$.

En égalant ces valeurs deux à deux, on obtient les deux nouvelles équations

$$30-y-z=10+y+z\,,\quad 10+y+z=\frac{42-y+z}{2}$$

Pour éliminer y, on tire :

de la première de celles-ci, $y=10-z$;

de la seconde, $y=\frac{22-z}{3}$

En égalant ces valeurs, il vient :

$$10-z=\frac{22-z}{3}\,,\text{ équation qui donne } z=4.$$

Cette valeur, substituée dans $y=10-z$, donne $y=6$.

Enfin, les valeurs de z et de y, substituées dans

$$x=10+y+z\,,\text{ donnent } x=20.$$

Il est facile de voir que ces valeurs sont exactes, en les substituant dans les équations proposées.

75. 2e Méthode. *Élimination par substitution.* 1o On tire d'une équation la valeur de l'inconnue qu'on veut éliminer en fonction des autres ; 2o on met cette valeur à la place de l'inconnue dans toutes les équations, et cette inconnue se trouve éliminée ; 3o on fait la même opération sur les équations restantes, jusqu'à ce qu'on arrive à une équation qui n'ait qu'une inconnue.

Cette dernière inconnue étant trouvée, on en substitue la

valeur dans les expressions des inconnues éliminées précédemment, et puis on fait la vérification comme à l'ordinaire.

Exemple. Soient les trois équations

$$x+y+z=30\,,\quad x-y-z=10\,,\quad 2x+y-z=42.$$

Pour éliminer x, on tire de la première

$$x=30-y-z.$$

Cette valeur étant substituée dans les deux autres équations, celles-ci deviennent

$$30-y-z-y-z=10\,,\quad 60-2y-2z+y-z=42.$$

Pour éliminer y, on tire de la première de ces deux équations nouvelles

$$y=10-z.$$

Cette valeur, substituée dans l'autre équation, celle-ci devient

$$60-20+2z-2z+10-z-z=42\,,$$

équation d'où l'on tire $z=4$.

Cette valeur, substituée dans l'expression

$$y=10-z\,,\text{ donne } y=6.$$

Enfin, substituant les valeurs de y et de z dans l'expression

$$x=30-y-z\,,\text{ on a } x=20.$$

La vérification montrerait que ces valeurs sont exactes.

76. 3e MÉTHODE. *Elimination par réduction* ou bien *par addition et par soustraction.* 1° On fait passer dans un même membre les termes qui contiennent l'inconnue qu'on veut éliminer, et on les réduit en un seul terme ; 2° on prend les équations deux à deux, et on multiplie chaque équation par le coefficient qu'a l'inconnue dans l'autre équation ; 3° si dans les deux équations les termes qui contiennent l'inconnue ont des signes différents, on additionne les deux équations membre à membre ; la réduction fait disparaître l'inconnue ; si les termes qui contiennent l'inconnue ont le même signe, on soustrait une équation de l'autre ; la réduction fait encore disparaître l'inconnue.

Nota. Si dans les équations qu'on compare, le terme qui

contient l'inconnue a le même coefficient, il n'est pas nécessaire évidemment de multiplier chaque équation par ce coefficient.

Exemple. Soient les équations

$$3x+y+z=30+2x\ ,\quad 2x-y-z=10+x\ ,\quad y-z=42-2x.$$

Élimination de x. Si l'on fait passer les termes en x dans le premier membre, les équations données deviennent, toute réduction faite,

$$x+y+z=30\ ,\quad x-y-z=10\ ,\quad 2x+y-z=42.$$

Si l'on compare les deux premières, comme x a le même coefficient dans l'une et dans l'autre, il n'est pas nécessaire de les multiplier. Le signe de x étant le même, il faut soustraire une équation de l'autre, par exemple la seconde de la première, et il viendra

$$x+y+z-x+y+z=30-10,$$

ou, toute réduction faite,

$$2y+2z=20\ ,$$

ou mieux, en divisant tous les termes par 2,

$$y+z=10.$$

Si l'on compare la première équation à la troisième, il suffit de multiplier la première par 2 ; car la seconde, multipliée par l'unité, ne change pas. Les équations seront :

$$2x+2y+2z=60\ ,\quad 2x+y-z=42.$$

Soustrayant la seconde de la première, il vient, toute réduction faite,

$$y+3z=18.$$

Les deux équations qui restent après l'élimination de x, sont donc

$$y+z=10\ ,\quad y+3z=18.$$

Pour éliminer y, on voit qu'il n'y a qu'à soustraire la première de la seconde, et il viendra

$$2z=8\ ,\ \text{d'où}\ z=4.$$

Substituant cette valeur dans l'équation

$$y+z=10\text{ , on a } y=6.$$

Enfin, substituant les valeurs de x et de y dans une des équations données, par exemple dans la première, on a

$$x=20.$$

77. * 4e MÉTHODE. *Elimination par les coefficients indéterminés.* Cette méthode consiste : 1° à multiplier la seconde équation par une quantité indéterminée m, la troisième par n, la quatrième par p, etc. ; 2° à additionner ces équations membre à membre, en mettant chaque inconnue en facteur commun ; 3° à égaler à zéro les coefficients de toutes les inconnues, excepté celui de l'inconnue qu'on veut connaître ; on obtient ainsi un nombre d'équations suffisant pour trouver les valeurs des indéterminées m, n, p, etc., qui rendent nuls les coefficients ; 4° à remplacer les indéterminés par leur valeur. L'équation résultante n'a plus qu'une inconnue ; cette inconnue trouvée, on en substitue la valeur dans les équations proposées, qu'on traite d'une manière analogue.

Exemple. Soient les trois équations

$$x+y+z=9\text{ ,}\quad 2x-y-2z=1\text{ ,}\quad 3x+2y-z=16.$$

La seconde équation, multipliée par m, devient

$$2mx-my-2mz=m.$$

La troisième, multipliée par n, devient

$$3nx+2ny-nz=16n.$$

Additionnant ces deux équations avec la première, et mettant l'inconnue en facteur commun, il vient

$$(1+2m+3n)x+(1-m+2n)y+(1-2m-n)z=9+m+16n.$$

Pour éliminer x et y, il n'y a qu'à poser

$$1+2m+3n=0\text{ ,}\quad 1-m+2n=0.$$

De ces deux équations, on tire

$$m=\frac{1}{7}\text{, }n=-\frac{3}{7}$$

Substituant ces valeurs dans le coefficient de z et dans le second membre, on a l'équation

$$\frac{8}{7}z=\frac{16}{7},\ \text{d'où}\ z=2.$$

En mettant cette valeur de z dans deux des équations proposées, on trouverait, en opérant d'une manière analogue,

$$y=3,\quad x=4.$$

On pourrait encore résoudre l'équation somme des autres trouvée ci-dessus, en égalant à zéro les coefficients des inconnues autres que celle qu'on cherche.

* Résolution et Discussion générale des Équations déterminées du premier degré.

78. *Discuter* des équations ou des formules, c'est voir ce qu'elles deviennent pour des hypothèses particulières sur les quantités connues, et interpréter, c'est-à-dire chercher ce que signifient les résultats.

Dans ce qui suit, nous résoudrons d'abord un système d'équations générales; puis nous introduirons une hypothèse dans les formules des inconnues et nous interpréterons le résultat; enfin, nous introduirons la même hypothèse dans le système des équations, et nous interpréterons encore le résultat.

Equations à une Inconnue.

79. Toute équation à une seule inconnue peut se mettre sous la forme

$$ax=b,$$

a représentant la somme algébrique des quantités qui multiplient l'inconnue, et b la somme algébrique des termes connus, a et b étant d'ailleurs débarrassées de dénominateurs.

On tire de cette équation

$$x=\frac{b}{a}$$

Discussion. Supposons a nul, il vient

$$x=\frac{b}{0}$$

La valeur de x est donc infinie.

En effet, si l'on introduit l'hypothèse $a=0$ dans l'équation

$$ax=b,$$

celle-ci devient

$$0\times x=b.$$

Elle est donc impossible, c'est-à-dire que toute valeur finie de x ne peut y satisfaire.

Supposons que a et b soient nuls, il vient

$$x=\frac{0}{0}$$

La valeur de x est donc indéterminée.

Si l'on introduit l'hypothèse dans l'équation

$$ax=b,$$

celle-ci devient

$$0\times x=0.$$

Tout nombre fini, positif ou négatif, peut donc satisfaire à cette équation qui est ainsi indéterminée.

Il résulte de ce qui vient d'être dit, que pour toutes les hypothèses qu'on peut faire sur les quantités connues, la formule $x=\frac{b}{a}$, et l'équation $ax=b$, conduisent aux mêmes conclusions.

Equations à deux Inconnues.

Nota. Pour éviter la confusion qui résulterait d'un trop grand nombre de lettres différentes, on emploie des lettres affectées d'un ou plusieurs accents, par exemple, a', a'', a''', qu'on énonce ainsi : a prime, a seconde, a tierce. Quelquefois aussi on emploie de petits chiffres qu'on met à droite de la lettre et un peu au-dessous. Exemple : a_1, a_2, a_3, qu'on énonce ainsi : a indice 1, a indice 2, a indice 3, etc.

80. Soient les deux équations à deux inconnues

$$ax+by=k,\quad a'x+b'y=k';$$

a, a' représentant les coefficients de x; b, b', ceux de y; k, k', les termes connus; a, b, k, a', b', k', étant d'ailleurs des quantités entières de signe quelconque.

En résolvant ces deux équations, on obtient les formules générales suivantes :

$$x=\frac{kb'-bk'}{ab'-ba'}, \quad y=\frac{ak'-ka'}{ab'-ba'}$$

DISCUSSION. Supposons que l'on ait $ab'-ba'=0$; les quantités $kb'-bk'$ et $ak'-ka'$ étant différentes de 0. Il viendra

$$x=\frac{kb'-bk'}{0}, \quad y=\frac{ak'-ka'}{0}$$

Les valeurs de x et de y sont donc infinies.

Introduisons cette hypothèse dans les équations.

De l'égalité $ab'-ba'=0$, on tire

$$a'=\frac{ab'}{b}$$

et par suite, l'équation

$$a'x+b'y=k',$$

en y mettant cette valeur à la place de a', devient :

$$\frac{ab'}{b}x+b'y=k', \quad \text{ou} \quad b'(ax+by)=bk', \quad \text{ou} \quad ax+by=\frac{bk'}{b'}$$

Cette dernière équation a son premier membre égal au premier membre de la première; tandis que les deux seconds membres sont inégaux, autrement, il faudrait qu'on eût

$$k=\frac{bk'}{b'} \quad \text{ou} \quad kb'-bk'=0,$$

ce qui est contre l'hypothèse.

Les équations ne peuvent donc être satisfaites par les mêmes valeurs finies de x et de y. Ces équations sont dites alors *incompatibles* ou *contradictoires*.

Supposons maintenant que le dénominateur soit nul en même temps que l'un des numérateurs, par exemple, qu'on ait

$$ab'-ba'=0, \quad kb'-bk'=0.$$

(Nous supposons que b, b' ne sont pas nuls.) Je dis d'abord que l'autre numérateur $ak'-ka'$ est aussi nul. En effet, les deux égalités précédentes donnent

$$a'=\frac{ab'}{b},\quad k'=\frac{kb'}{b}$$

Substituant ces valeurs dans le numérateur de y, il devient

$$\frac{akb'}{b}-\frac{akb'}{b}$$

quantité nulle.

Si l'on avait supposé ce numérateur d'abord égal à 0, on aurait prouvé de la même manière que celui de x est aussi nul. Il résulte donc des hypothèses qu'on doit avoir

$$x=\frac{0}{0},\quad y=\frac{0}{0}$$

C'est le symbole de l'indétermination.

Introduisons l'hypothèse dans les équations. Il suffit pour cela de substituer dans la seconde équation générale les valeurs de a' et k' trouvées plus haut ; cette équation devient

$$\frac{ab'}{b}x+b'y=\frac{kb'}{b},\ \text{ou}\ \frac{b'}{b}(ax+by)=\frac{b'}{b}k.$$

On voit que celle-ci n'est autre chose que l'équation générale, dont les deux membres ont été multipliés par $\frac{b'}{b}$. Ces deux équations rentrent donc nécessairement l'une dans l'autre, et l'on n'a qu'une seule équation entre deux inconnues : donc, la question est indéterminée. Il est important de remarquer que, dans ce cas, l'indétermination ne va pas jusqu'à permettre de prendre des valeurs arbitraires pour x et pour y, puisque ces inconnues sont liées entre elles par des relations exprimées dans l'équation $ax+by=k$. Mais si l'on se donne une valeur quelconque pour une inconnue, en introduisant cette valeur dans l'équation, on trouve la valeur correspondante de l'autre inconnue.

Nous ne ferons pas de nouvelles hypothèses.

* Équations indéterminées du premier degré.

81. Lorsqu'on a moins d'équations distinctes que d'inconnues, ces équations peuvent être satisfaites par une infinité

de systèmes de valeurs attribuées aux inconnues. De telles équations portent le nom d'*indéterminées*, à cause de l'indétermination des inconnues qu'elles renferment.

On peut se proposer de rechercher seulement les systèmes de valeurs entières et positives des inconnues. Cette recherche fait l'objet de l'*analyse indéterminée*.

Nous ne rechercherons que les systèmes de valeurs entières.

Cas où l'on a autant d'Equations distinctes, moins une, que l'on a d'Inconnues.

82. Prenons d'abord le cas le plus simple, celui d'une équation entre deux inconnues. Toute équation du premier degré à deux inconnues est de la forme

$$ax+by=k.$$

Ici, nous supposons a, b et k entiers.

Disons d'abord qu'il existe un cas particulier où il est impossible de trouver des valeurs entières pour x, et pour y : c'est celui où a et b ont un facteur commun qui ne divise pas k; car, en substituant les valeurs entières, s'il y en avait, et en divisant les deux membres par le facteur commun à a et à b, le premier membre donnerait un quotient entier, tandis que le second donnerait une fraction, et l'on aurait ainsi un entier égal à une fraction, ce qui est absurde.

Prenons maintenant pour plus de clarté une équation numérique.

Soit l'équation

$$7x+13y=24.$$

Tirons la valeur de l'inconnue qui a le plus petit coefficient, il viendra

$$x=\frac{24-13y}{7}$$

ou, en faisant la division,

$$x=3-y+\frac{3-6y}{7}.$$

Si l'expression $\frac{3-6y}{7}$ avait une valeur entière, toutes les valeurs entières données à y fourniraient des valeurs entières de x. Egalons donc cette expression à une quantité indéterminée t, il viendra

$$\frac{3-6y}{7}=t\text{, ou } 3-6y=7t.$$

En opérant sur cette équation comme sur la première, on a

$$y=\frac{3-7t}{6}=-t+\frac{3-t}{6}$$

Posons encore

$$\frac{3-t}{6}=t'\text{, ou bien } 3-t=6t'\text{;}$$

on en tire

$$t=3-6t'.$$

En donnant à t' des valeurs entières quelconques, la valeur de t est entière. Substituant cette valeur de t, ainsi que celle de y dans l'expression de x, on a, enfin,

$$y=7t'-3\text{,}\quad x=9-13t'.$$

Ainsi t', représentant un nombre entier quelconque, même 0, on a des valeurs entières pour x et pour y.

On voit qu'il suffit de trouver une équation dans laquelle une des quantités indéterminées cherchées ait pour coefficient l'unité.

Nous serions arrivés plus vite à cette équation en observant que dans la valeur $x=\frac{24-13y}{7}$, le coefficient 13 de y étant plus rapproché du multiple 14 que du multiple 7 du dénominateur. Au lieu de

$$-\frac{13y}{7}=-y-\frac{6y}{7}$$

nous aurions pu écrire

$$-\frac{13y}{7}=-2y+\frac{y}{7}$$

ce qui donne

$$x=3-2y+\frac{3+y}{7}$$

Posant

$$\frac{3+y}{7}=t\text{, d'où } 3+y=7t,$$

il vient

$$y=7t-3 \quad \text{et} \quad x=9-13t.$$

83. Généralisons. Soit l'équation $ax+by=k$.

Quand on connaît un seul système de valeurs entières pour x et y, il est facile de trouver deux formules qui donnent tous les systèmes. En effet : soit A une valeur entière de x, et B la leur correspondante de y. En substituant ces valeurs dans l'équation

$$ax+by=k\text{, il viendra } aA+bB=k.$$

Si l'on retranche cette égalité de l'équation donnée, on a

$$a(x-A)+b(y-B)=0\,;$$

d'où l'on tire facilement

$$x=A-\frac{b(y-B)}{a}$$

Or, b et a sont premiers entre eux ; a doit donc diviser $(y-B)$, car autrement l'on aurait une quantité entière égale à une fraction. Il faut donc que l'on ait

$$\frac{y-B}{a}=t\,;$$

d'où,

$$y=B+at \quad \text{et} \quad x=A-bt.$$

Si l'on substitue à t la suite des nombres 0, 1, 2, 3, 4, etc. ; —1, —2, —3, etc., les valeurs correspondantes de x, ainsi que celles de y, formeront une progression arithmétique, comme il est aisé de le voir.

84. Si l'on a deux équations à trois inconnues, x, y, z, on élimine une des inconnues, z par exemple, et il reste une équation à deux inconnues, qu'on traite comme il vient d'être dit ; puis on substitue, dans l'expression qui contient z, les valeurs de x et de y en fonction de l'indéterminée trouvée t, ce qui donne une équation entre z et t, sur laquelle on opère comme sur la précédente. L'on trouve ainsi une quantité t', au moyen de laquelle on peut exprimer z et t en nombres entiers ; enfin, on

met dans les expressions de x et de y la valeur de t en fonction de t', et l'on a alors les trois inconnues exprimées en valeurs entières.

Exemple : Soient les équations

$$7x+5y+3z=560\,, \quad 49x+25y+9z=2920.$$

L'élimination par comparaison de z, donne l'équation

$$14x+5y=620.$$

En opérant sur cette équation comme il a été dit ci-dessus, on trouve

$$x=5t\,, \quad y=124-14t.$$

Substituant ces valeurs dans l'expression de z tirée de la première équation donnée

$$z=\frac{560-7x-5y}{3}$$

il vient

$$z=\frac{35t-60}{3}$$

équation en z et t, au moyen de laquelle on trouve, en opérant comme à l'ordinaire, l'équation

$$t=3t'$$

Substituant cette valeur de t dans les expressions de x, y, z, il vient enfin

$$x=15t'\,, \quad y=124-42t'\,, \quad z=35t'-20.$$

INÉGALITÉS.

85. PRINCIPES. 1er PRINCIPE. *Une inégalité n'est pas troublée quand on ajoute une même quantité à ses deux membres ou qu'on en retranche la même quantité.* Cela est évident.

Exemple : L'inégalité $a>b$ entraîne toujours l'inégalité

$$a\pm m>b\pm m,$$

m étant une quantité positive quelconque.

CONSÉQUENCES. Il résulte de ce principe que :

1° Pour transporter un terme d'un membre dans l'autre, il suffit de l'écrire dans celui-ci avec un signe différent.

Exemple : L'inégalité

$$a>b+c \text{ donne } a-c>b.$$

2° Si l'on change les signes des termes d'une inégalité, il faut renverser le signe d'inégalité ; car changer tous les signes des termes revient à transporter ces termes d'un membre dans l'autre.

Exemple : L'inégalité

$$a-b>c-d \text{ donne } b-a<d-c\,;$$

car, en transportant les termes d'un membre dans l'autre, on aurait

$$d-c>b-a\,;$$

ce qui revient évidemment à

$$b-a<d-c.$$

3° Toute quantité négative est plus petite que 0.

En effet : soient a et b, deux quantités positives, et soit l'inégalité

$$a<b.$$

Si l'on retranche b de a, le résultat sera négatif, parce que la soustraction ne peut se faire. Or, l'inégalité

$$a<b, \text{ donne } a-b<0\,;$$

donc, une quantité négative est plus petite que 0.

4° De deux quantités négatives, la plus petite est celle dont la valeur absolue est la plus grande.

En effet : soient a et b, deux quantités positives, et soit l'inégalité

$$a>b,$$

qui indique que a est en valeur absolue plus grand que b. Si l'on change les signes de cette inégalité, il vient

$$-a<-b\,;$$

ce qu'il fallait démontrer.

2e Principe. *On peut multiplier ou diviser les deux membres d'une inégalité par une même quantité positive, sans troubler l'inégalité.* En effet, les valeurs absolues des deux membres ne cessent pas d'être dans le même rapport[1], et puis leur valeur relative ne change pas de nature, puisque quand le multiplicateur a le signe +, le produit a le même signe que le multiplicande ; de même quand le diviseur a le signe +, le quotient a le même signe que le dividende.

Ainsi, m étant une quantité positive, l'inégalité

$$a>b \quad \text{donne} \quad am>bm, \quad \frac{a}{m}>\frac{b}{m}$$

Si l'on multipliait ou si l'on divisait les deux membres par une même quantité négative, il faudrait changer le signe de l'inégalité ; car le résultat serait le même que celui qu'on aurait obtenu en multipliant ou en divisant d'abord les deux membres par la même quantité positive, et puis en changeant les signes.

Ainsi, l'inégalité

$$a>b \quad \text{donne} \quad -am<-bm, \quad -\frac{a}{m}<-\frac{b}{m}$$

3e Principe. *Si l'on a plusieurs inégalités dans le même sens, leur somme, si on les additionne membre à membre, forme une inégalité dans le même sens.*

Exemple : Les inégalités

$$a>b, \quad c>d, \quad m>n,$$

donnent

$$a+c+m>b+d+n.$$

En effet, ces inégalités donnent

$$a-b>0, \quad c-d>0, \quad m-n>0.$$

Tous les premiers membres étant positifs, leur somme est positive, et l'on a

$$a-b+c-d+m-n>0,$$

ou encore

$$a+c+m>b+d+n.$$

4e Principe. *Si l'on a plusieurs inégalités dans le même sens dont les deux membres soient positifs, on peut les multiplier membre à membre sans troubler l'inégalité.*

Exemple : Soient les inégalités

$$a>b, \quad c>d, \quad m>n.$$

En divisant les deux membres de chaque inégalité par le second membre, il vient

$$\frac{a}{b}>1,\quad \frac{c}{d}>1,\quad \frac{m}{n}>1\,;$$

donc évidemment on a

$$\frac{a}{b}\cdot\frac{c}{d}\cdot\frac{m}{n}>1,\ \text{ou}\ acm>bdn.$$

Application. On peut dégager l'inconnue qui entre dans une inégalité en opérant comme sur une équation.

Exemple : Soit l'inégalité

$$4x-3>\frac{3}{2}x-\frac{2}{5}$$

En chassant les dénominateurs, il vient

$$40x-30>15x-4\,;$$

ou enfin, transposition, réduction et division faites,

$$x>\frac{26}{25}$$

CHAPITRE TROISIÈME.

RACINE CARRÉE ALGÉBRIQUE.

86. La racine carrée algébrique d'une quantité est une expression qui, multipliée par elle-même, reproduit la quantité proposée.

87. Toute quantité positive admet deux racines carrées égales et de signe contraire; mais elle n'en admet que deux.

En effet : 1° toute quantité positive A admet toujours une racine carrée positive que nous pourrons représenter par $+a$; on l'a vu dans l'arithmétique. Ainsi, A peut être représenté par a^2. Or, $-a$, multiplié par $-a$, donne au carré a^2 ; donc,

a^2 ou A a pour racine $+a$ et $-a$; donc, la racine de A est $\pm\sqrt{A}$, ce qui s'énonce : *plus ou moins racine carrée de A*.

2° Je dis que $+a$ et $-a$ sont les seules racines de A. En effet : l'égalité

$$a^2=A \quad \text{donne} \quad a^2-A=0,$$

ou, ce qui revient au même,

$$a^2-(\sqrt{A})^2=0.$$

Le premier membre étant la différence de deux carrés, est égal au produit de la somme par la différence des racines, et l'on a ainsi

$$(a+\sqrt{A})\ (a-\sqrt{A})=0,$$

égalité qui ne peut avoir lieu, à moins que l'un des deux facteurs ne soit nul ou qu'on n'ait

$$-a=\sqrt{A}, \quad \text{ou bien} \quad a=\sqrt{A}.$$

Ainsi la racine de A ou $\sqrt{A}$ ne peut avoir que l'une ou l'autre des deux valeurs $+a$ ou $-a$.

88. Toute quantité négative $-A$ ne peut avoir de racine ni positive ni négative, puisque le produit de deux signes égaux est toujours positif. On dit alors que les valeurs du radical $\sqrt{-A}$ sont *imaginaires*.

Par opposition, les quantités positives ou négatives sont appelées *réelles*.

89. Remarques. 1° Souvent, pour abréger le discours, on appelle *radical* l'expression placée sous le signe qui porte ce nom.

2° Quand le double signe ne se trouve pas devant un radical, ce double signe est sous-entendu, sauf avertissement contraire.

90. *La racine carrée d'un produit est le produit des racines carrées des facteurs.* C'est une conséquence de la multiplication. Ainsi,

$$\sqrt{9a^2b^4m^6}=\sqrt{9}\times\sqrt{a^2}\times\sqrt{b^4}\times\sqrt{m^6}=3ab^2m^3.$$

En effet, pour élever $3ab^2m^3$ au carré, il suffit de multiplier chaque facteur par lui-même, ou de former le carré de chaque facteur ; le produit de ces carrés est le carré $9a^2b^4m^6$.

Ainsi, pour avoir la racine carrée de cette dernière quantité, il faut extraire celle des facteurs, ce qui se fait en extrayant la racine carrée du coefficient et en divisant par 2 tous les exposants. Cette observation donne la raison d'une notation fréquemment employée, celle de l'exposant fractionnaire. Ainsi, $a^{\frac{3}{2}}$ est le symbole de la racine carrée de a^3, et l'on a : $a^{\frac{3}{2}}=\sqrt{a^3}$.

91. *La racine d'une fraction s'obtient*, comme on l'a vu en arithmétique, *en extrayant celle du numérateur et celle du dénominateur.*

Exemple : $\sqrt{\frac{a}{b}}=\frac{\sqrt{a}}{\sqrt{b}}$

ou bien encore, si on multiplie les deux termes par le dénominateur, cette racine égale la racine carrée du produit du numérateur par le dénominateur, divisée par le dénominateur.

En effet : $\sqrt{\frac{a}{b}}=\frac{\sqrt{ab}}{\sqrt{b^2}}=\frac{\sqrt{ab}}{b}$

Calcul des Radicaux.

92. Les radicaux carrés sont semblables lorsqu'ils affectent des quantités égales.

93. Pour opérer la réduction, il suffit de les écrire en facteurs communs de leurs coefficients respectifs. Ainsi,

$$3a\sqrt{b}-2m\sqrt{b}+k\sqrt{b}=(3a-2m+k)\sqrt{b}.$$

94. L'addition et la soustraction se font comme à l'ordinaire.

95. Pour faire la multiplication, on multiplie les quantités placées sous le radical l'une par l'autre, et l'on affecte le produit du radical commun ; et s'il y a des coefficients numériques ou littéraux, on les multiplie d'abord entre eux, et leur produit est le coefficient du radical.

Exemple : $3\sqrt{2ab}\times 2a\sqrt{5bc}=6a\sqrt{10ab^2c}.$

96. Pour faire la division, on divise les quantités placées sous le signe, et l'on affecte le résultat (effectué ou indiqué) du radical commun.

Exemple : $\dfrac{\sqrt{a}}{\sqrt{b}}=\sqrt{\dfrac{a}{b}}$

Transformation des Radicaux.

97. On simplifie les radicaux en *faisant sortir du radical* tous les facteurs qui sont des carrés.

Exemple. Dans le radical

$$\sqrt{9a^3b^4c},$$

se trouvent trois facteurs au carré ; ce sont : 9, a^2, b^4. On peut extraire leurs racines et les écrire au coefficient. On a ainsi

$$\sqrt{9a^3b^4c}=3ab^2\sqrt{ac}\,;$$

on aurait de même

$$\sqrt{\frac{a^5bc^2}{m^2}}=\frac{a^2c}{m}\sqrt{ab}$$

Si la quantité placée sous le radical est polynome, on fait sortir les facteurs communs.

Exemple :

$$\sqrt{a^3b^2-a^2b^3c}=\sqrt{a^2b^2(a-bc)}=ab\sqrt{a-bc}.$$

98. Il est une autre transformation qui consiste à *faire entrer sous le radical* des facteurs rationnels qui se trouvent en dehors ; il suffit pour cela de multiplier la quantité placée sous le radical par les carrés de ces facteurs.

Exemple : $3a\sqrt{b}=\sqrt{9a^2b}$.

99. Il est souvent utile de transformer une fraction dont le dénominateur contient un ou plusieurs radicaux, en une autre fraction équivalente dont le dénominateur soit rationnel.

Exemple. Soit la fraction $\dfrac{a}{\sqrt{b}}$

En multipliant les deux termes par $\sqrt{b}$, on trouve la fraction équivalente $\dfrac{a\sqrt{b}}{b}$

Soit la fraction $\frac{a}{\sqrt{b}+\sqrt{c}}$

En multipliant les deux termes par $\sqrt{b}-\sqrt{c}$, on a la fraction équivalente $\frac{a(\sqrt{b}-\sqrt{c})}{b-c}$

Soit encore la fraction $\frac{a}{\sqrt{b}-\sqrt{c}}$

En multipliant les deux termes par $\sqrt{b}+\sqrt{c}$, on trouve la fraction équivalente $\frac{a(\sqrt{b}+\sqrt{c})}{b-c}$

ÉQUATIONS DU SECOND DEGRÉ.

A une Inconnue.

100. Toute équation du second degré peut, toute réduction faite, se mettre sous une des deux formes suivantes :

$$ax^2+c=0\,,\quad ax^2+bx+c=0.$$

Le premier terme est positif, les autres peuvent avoir des signes quelconques.

La première équation est *incomplète*, la seconde est *complète.*

Résolution de l'Équation générale incomplète.

101. Il suffit, pour résoudre cette équation : 1° de faire passer dans le second membre le terme connu ; 2° de diviser par le coefficient de x^2 ; 3° d'extraire la racine carrée des deux membres. L'on a ainsi,

$$x=\pm\sqrt{-\frac{c}{a}}$$

Les deux valeurs de x s'appellent *les racines* de l'équation.

On prouverait, comme ci-dessus (87), que x n'a pas d'autre valeur.

Applications. 1° Soit l'équation $3x^2-12=4-x^2$.

Si l'on fait passer tous les termes dans le premier membre, on a, après réduction,

$$4x^2-16=0.$$

Si l'on compare cette équation à l'équation générale

$$ax^2+c=0,$$

on voit qu'on a

$$a=4, \quad c=-16.$$

Substituant ces valeurs dans la formule

$$x=\pm\sqrt{-\frac{c}{a}}$$

il vient

$$x=\pm\sqrt{\frac{16}{4}}=\pm\sqrt{4}=\pm 2.$$

2° Soit encore l'équation

$$\frac{9}{x}-x=0.$$

En faisant disparaître le dénominateur, il vient

$$-x^2+9=0;$$

et en changeant les signes,

$$x^2-9=0, \text{ ici } a=1, \quad c=-9.$$

Substituant ces valeurs, on a, enfin,

$$x=\pm\sqrt{9}=\pm 3.$$

3° Soit enfin l'équation

$$\frac{x^2}{3}=-2, \text{ ou } \frac{x^2}{3}+2=0, \quad a=\frac{1}{3}, \quad c=2,$$

et l'on a

$$x=\pm\sqrt{-6}=\pm\sqrt{6}\sqrt{-1}.$$

On vérifie l'exactitude des valeurs trouvées, en les substituant dans l'équation qui les a fournies.

Résolution de l'Equation générale complète.

102. Soit l'équation générale $ax^2+bx+c=0$. Divisons tous les termes par a, il vient

$$x^2+\frac{b}{a}x+\frac{c}{a}=0.$$

Posons, pour abréger,

$$\frac{b}{a}=p, \quad \frac{c}{a}=q;$$

cette équation deviendra

$$x^2+px+q=0,$$

ou, en transposant q,

$$x^2+px=-q.$$

Les deux termes du premier membre ne sont autres que les deux premiers termes du carré du binome $x+\frac{1}{2}p$, car

$$(x+\tfrac{1}{2}p)^2=x^2+px+\tfrac{1}{4}p^2.$$

Complétons donc le carré dans le premier membre en ajoutant $\frac{1}{4}p^2$; et pour ne pas troubler l'égalité, ajoutons aussi $\frac{1}{4}p^2$ dans le second membre, nous aurons

$$x^2+px+\tfrac{1}{4}p^2=\tfrac{1}{4}p^2-q,$$

ou bien

$$(x+\tfrac{1}{2}p)^2=\tfrac{1}{4}p^2-q.$$

Extrayant la racine carrée des deux membres, il vient

$$x+\tfrac{1}{2}p=\pm\sqrt{\tfrac{1}{4}p^2-q};$$

et en transposant $\frac{1}{2}p$,

$$x=-\tfrac{1}{2}p\pm\sqrt{\tfrac{1}{4}p^2-q}.$$

Telle est la formule de l'inconnue.

Ainsi, *dans toute équation complète du second degré ramenée à la forme* $x^2+px+q=0$ (quels que soient les signes de p et de q), *la valeur de l'inconnue est égale à la moitié du coefficient du second terme pris avec un signe contraire, plus ou moins la racine du carré de cette moitié diminué du terme connu.*

APPLICATION. 1° Soit l'équation

$$x^2+8x=-2x-2x^2+8.$$

En transposant tous les termes dans le premier membre, il vient

$$3x^2+10x-8=0,$$

et en divisant par 3,

$$x^2+\tfrac{10}{3}x-\tfrac{8}{3}=0.$$

Ainsi,

$$p=\tfrac{10}{3},\quad q=-\tfrac{8}{3}.$$

Substituant ces valeurs dans la formule, il vient

$$x=-\tfrac{5}{3}\pm\sqrt{\tfrac{25}{9}+\tfrac{8}{3}}=-\tfrac{5}{3}\pm\tfrac{7}{3}.$$

2° Soit encore l'équation

$$15-2x=x^2$$

La transposition des termes donne l'équation

$$-x^2-2x+15=0,$$

ou, en changeant les signes,

$$x^2+2x-15=0.$$

Ici,

$$p=2,\quad q=-15,$$

d'où

$$x=-1\pm\sqrt{1+15}=-1\pm\sqrt{16}=-1\pm4.$$

* Particularités sur l'Équation $x^2+px+q=0$.

105. Le premier membre de cette équation peut toujours se décomposer en deux facteurs, dont le premier est x moins la première racine, et le deuxième x moins la seconde racine. En effet, en ajoutant et en retranchant $\frac{1}{4}p^2$, cette équation peut s'écrire ainsi :

$$x^2+px+\tfrac{1}{4}p^2-(\tfrac{1}{4}p^2-q)=0,$$

ou

$$(x+\tfrac{1}{2}p)^2-\left(\sqrt{\tfrac{1}{4}p^2-q}\right)^2=0.$$

Or ce premier membre, étant la différence des deux carrés $(x+\frac{1}{2}p)^2$ et $\left(\sqrt{\frac{1}{4}p^2-q}\right)^2$, est égal à

$$\left(x+\tfrac{1}{2}p+\sqrt{\tfrac{1}{4}p^2-q}\right)\left(x+\tfrac{1}{2}p-\sqrt{\tfrac{1}{4}p^2-q}\right);$$

par conséquent, on a

$$x^2+px+q=\left(x+\tfrac{1}{2}p+\sqrt{\tfrac{1}{4}p^2-q}\right)\left(x+\tfrac{1}{2}p-\sqrt{\tfrac{1}{4}p^2-q}\right).$$

Cette égalité montre que les deux racines trouvées sont les seules racines de l'équation, puisqu'il n'y a pas d'autre quantité qui, mise à la place de x, rende nul un des deux facteurs.

104. Le coefficient du second terme est égal à la somme des racines prise avec un signe contraire. En effet, les deux racines étant :

$$\text{l'une } -\tfrac{1}{2}p+\sqrt{\tfrac{1}{4}p^2-q}, \text{ et l'autre } -\tfrac{1}{2}p-\sqrt{\tfrac{1}{4}p^2-q},$$

si l'on fait la somme, on la trouve, toute réduction faite, égale à $-p$.

105. Le terme connu est égal au produit des racines. En effet, si on les multiplie l'une par l'autre, on trouve q au produit.

* Discussion des Racines de l'Equation du second degré.

106. Si dans la formule $x=-\frac{1}{2}p\pm\sqrt{\frac{1}{4}p^2-q}$, on substitue

$$\frac{b}{a} \text{ à } p, \text{ et } \frac{c}{a} \text{ à } q,$$

cette formule devient

$$x=\frac{-b\pm\sqrt{b^2-4ac}}{2a}$$

Telle est la formule la plus générale des racines de l'équation du second degré.

1° Si l'on suppose $b=0$, cas de l'équation incomplète, on a

$$x=\pm\frac{\sqrt{-4ac}}{2a}$$

Si a et c ont des signes contraires, les deux racines sont réelles et ne diffèrent l'une de l'autre que par le signe.

Si a et c ont le même signe, la quantité placée sous le radical étant négative, les racines sont imaginaires.

2° Si b, a et c ne sont pas nuls, on peut faire trois hypothèses sur la quantité affectée du radical : on peut supposer b^2-4ac plus grand que 0, plus petit que 0, égal à 0.

Si l'on a $b^2-4ac>0$, les deux racines sont réelles et inégales.

Si l'on a $b^2-4ac<0$, les deux racines sont imaginaires.
Si l'on a $b^2-4ac=0$, le radical disparaît, et il reste :

$$x=-\frac{b}{2a}$$

On dit dans ce cas que les deux racines sont *égales*.

3° Si $c=0$, on a

$$x=\frac{-b\pm\sqrt{b^2}}{2a}=\frac{-b\pm b}{2a}$$

Dans ce cas, l'une des deux racines est 0 et l'autre est $-\frac{b}{a}$

Il est facile de se rendre compte de cette valeur nulle dans l'équation

$$ax^2+bx=0 \quad \text{ou} \quad x^2+\frac{b}{a}x=0.$$

En mettant x en facteur commun, il vient

$$x\left(x+\frac{b}{a}\right)=0;$$

ce qui ne peut avoir lieu, à moins qu'on n'ait

$$x=0, \text{ ou } x=-\frac{b}{a}$$

Nous ne parlerons pas des équations du second degré à plusieurs inconnues, vu que l'élimination conduit en général à des équations de degrés supérieurs. L'usage apprendra à traiter les cas particuliers d'équation qu'on peut résoudre par des moyens plus simples.

Equations bicarrées.

107. On appelle ainsi des équations incomplètes du quatrième degré à une inconnue qui contiennent l'inconnue seulement à la quatrième et à la deuxième puissance.

Ces équations peuvent se réduire à la forme

$$x^4+px^2+q=0.$$

Si on regarde x^2 comme l'inconnue, on n'aura à traiter qu'une équation du second degré, qui donnera

$$x^2=-\frac{1}{2}p\pm\sqrt{\frac{1}{4}p^2-q}.$$

Pour avoir x, il suffira d'extraire la racine carrée des deux membres, et il viendra enfin

$$x=\pm\sqrt{-\frac{1}{2}p\pm\sqrt{\frac{1}{4}p^2-q}}.$$

Cette formule donne quatre valeurs distinctes pour x. Ces valeurs sont :

1° $\sqrt{-\frac{1}{2}p+\sqrt{\frac{1}{4}p^2-q}}$, 2° $\sqrt{-\frac{1}{2}p-\sqrt{\frac{1}{4}p^2-q}}$

3° $-\sqrt{-\frac{1}{2}p+\sqrt{\frac{1}{4}p^2-q}}$, 4° $-\sqrt{-\frac{1}{2}p-\sqrt{\frac{1}{4}p^2-q}}$

CHAPITRE QUATRIÈME.

**ARRANGEMENTS.

108. On appelle *arrangements* de m lettres n à n, tous les résultats que l'on peut obtenir en écrivant n de ces lettres les unes à la suite des autres, de toutes les manières possibles.

On obtient les arrangements deux à deux, en plaçant successivement toutes les lettres à la suite de chacune.

$$\begin{array}{ccccc} ab, & ba, & ca, & da, & ea, \\ ac, & bc, & cb, & db, & eb, \\ ad, & bd, & cd, & dc, & ec, \\ ae, & be, & ce, & de, & ed, \\ \vdots, & \vdots, & \vdots, & \vdots, & \vdots . \end{array}$$

Il y aura m colonnes verticales autant que de lettres ; chaque colonne contiendra autant de termes que de lettres, moins une ou bien $(m-1)$ terme. Le nombre complet de termes des arrangements deux à deux sera donc égal à $m\,(m-1)$.

Ainsi, la lettre A représentant le nombre d'arrangements, et l'indice $_2$ le nombre de lettres entrant dans chacun, on a

$$A_2=m\,(m-1).$$

Le nombre des arrangements trois à trois s'obtiendra en ajoutant, après chaque terme des arrangements deux à deux, toutes les lettres qui n'entrent pas dans ce terme, c'est-à-dire les $(m-2)$ autres lettres. Ainsi, le terme ab fournit abc, abd, etc., et ainsi de suite des autres. Chaque terme, en fournissant $(m-2)$, comme il y en a $m(m-1)$, le nombre total sera

$$A_3=m\ (m-1)\ (m-2).$$

On trouverait de la même manière

$$A_4=m\ (m-1)\ (m-2)\ (m-3),$$

$$A_5=m\ (m-1)\ (m-2)\ (m-3)\ (m-4).$$

On voit que le nombre qu'on retranche de m dans le dernier facteur est égal au nombre de lettres qui entrent dans chaque arrangement moins une. Ainsi, en général, si l'on représente par n le nombre de lettres de chaque arrangement, il faudra retrancher de m, dans le dernier facteur, le nombre $(n-1)$, et ce facteur deviendra $\big(m-(n-1)\big)$ ou $(m-n+1)$; la formule générale est donc

$$A_n=m\ (m-1)\ (m-2)\ .\ .\ .\ .\ .\ .\ .\ .\ (m-n+1).$$

**PERMUTATIONS.

109. On appelle *permutations* des arrangements dans lesquels entrent toutes les lettres données. Il suffit donc, pour avoir la formule générale qui indique le nombre de termes, de supposer, dans la formule générale des arrangements, le nombre n de lettres de chaque terme égal à m nombre des lettres données, ou de remplacer m par n, et la formule

$$A_n=m\ (m-1)\ (m-2)\ .\ .\ .\ .\ (m-n+1)$$

deviendra

$$P_n=n\ (n-1)\ (n-2)\ .\ .\ 3,2,1:$$

ou bien, en renversant l'ordre des facteurs,

$$P_n=1,\ 2,\ 3\ .\ .\ .\ .\ .\ .\ .\ .\ .\ .\ .\ (n-1)\ n.$$

**COMBINAISONS.

110. On appelle *combinaisons* le nombre de produits différents qui entrent dans les arrangements. Il est clair que tous les termes des arrangements qui contiennent les mêmes lettres sont des produits égaux ; il y a donc autant de produits égaux qu'il y a de permutations possibles avec les mêmes lettres. Ainsi, s'il y a n lettres dans chaque arrangement, chaque produit sera répété autant de fois qu'on peut faire de permutations avec n lettres, c'est-à-dire $1, 2, 3 \ldots\ldots n$ fois. Par conséquent, pour avoir le nombre de combinaisons, il suffit de diviser le nombre d'arrangements par le nombre de permutations, ce qui donne la formule suivante :

$$Cn = \frac{m\ (m-1)\ (m-2)\ \ldots\ldots\ldots\ldots\ (m-n+1)}{1\ .\ 2\ .\ 3\ \ldots\ldots\ldots\ldots\ n}$$

** BINOME DE NEWTON.

111. On appelle *formule du binome de Newton*, une formule générale au moyen de laquelle on puisse obtenir immédiatement une puissance quelconque d'un binome, par exemple $(x+a)$, sans passer par toutes les précédentes. Voici comment on parvient à cette formule.

En formant les diverses puissances de $x+a$, on trouve une loi évidente pour les exposants. Il n'en est pas de même de la loi des coefficients, à cause des réductions qu'il a fallu faire dans les calculs. Pour éviter ces réductions, on a usé d'un artifice qui consiste à multiplier entre eux, et successivement, les binomes $(x+a)$, $(x+b)$, $(x+c)$, etc. Si lorsque toutes les opérations sont terminées, on suppose tous les seconds termes égaux entre eux, on sera évidemment parvenu à une puissance de $(x+a)$.

Nous aurons, par exemple, pour les quatre premiers :

$$(x+a)\ (x+b) = x^2 \begin{array}{l|l} +a & x\ +ab \\ +b & \end{array}$$

$$(x+a)\ (x+b)\ (x+c) = x^3 \begin{array}{l|l|l} +a & x^2 +ab & x\ +abc \\ +b & \quad +ac & \\ +c & \quad +bc & \end{array}$$

$$(x+a)\ (x+b)\ (x+c)\ (x+d) = x^4 \begin{array}{l|l|l|l} +a & x^3 +ab & x^2 +abc & x+abcd \\ +b & \quad +ac & \quad +abd & \\ +c & \quad +bc & \quad +acd & \\ +d & \quad +ad & \quad +bcd & \\ & \quad +bd & & \\ & \quad +cd & & \end{array}$$

Dans le premier terme, l'exposant de x est égal à 4, ou au nombre de binomes facteurs. Il diminue successivement d'une unité dans les termes suivants, jusqu'au dernier, où il est 0.

Le coefficient de x^4 est l'unité.

Le coefficient de x^3, dans le second terme, contient autant de termes que de lettres, ou bien que de facteurs binomes.

Le coefficient de x^2 contient autant de termes qu'on peut faire de produits deux à deux avec les seconds termes du binome.

Le coefficient de x contient le produit des seconds termes du binome facteur pris trois à trois.

Le dernier terme est le produit des seconds termes de binomes facteurs.

Ces lois sont vraies, quel que soit le nombre de binomes facteurs. Il suffit pour le prouver de faire voir que si elle se réalise pour un nombre m de facteurs, elle se réalisera pour un facteur de plus, c'est-à-dire pour $(m+1)$ facteurs.

En effet, si pour abréger nous représentons par A, B, C.... Y les coefficients des différentes puissances de x, depuis le second terme jusqu'au dernier, ou x à l'exposant 0, nous aurons, pour le produit de m binomes facteurs :

$$x^m + Ax^{m-1} + Bx^{m-2} + Cx^{m-3} + \dots\dots + Y.$$

Si l'on multiplie par un binome de plus $(x+l)$, il viendra au produit :

$$x^{m+1} + \left.\begin{matrix} A \\ +l \end{matrix}\right| x^m + \left.\begin{matrix} B \\ +lA \end{matrix}\right| x^{m-1} + \left.\begin{matrix} C \\ +lB \end{matrix}\right| x^{m-2} + \dots + lY$$

On voit que la loi des exposants de x est la même, c'est-à-dire que l'exposant de x, dans le premier terme, est égal au produit des binomes facteurs, et que dans les termes suivants il décroît successivement d'une unité. La loi des coefficients est aussi la même.

En effet, le coefficient du premier terme est l'unité ; celui du second terme est $A+l$. Or, A était la somme des m seconds termes, des m binomes facteurs ; $A+l$ sera donc la somme des $m+1$, seconds termes des binomes facteurs. Dans le troisième terme, le coefficient est $B+lA$. Or, B est la somme des produits deux à deux des seconds termes des m binomes ; lA est celle des produits de ces m termes par l ; donc, $B+lA$ est la somme de tous les produits deux à deux de tous les seconds termes de $m+1$, binomes facteurs.

Un raisonnement analogue s'appliquerait aux coefficients des termes suivants, jusqu'au dernier, qui est évidemment le produit de tous les seconds termes des binomes. Ainsi, cette loi est générale.

Puisque le coefficient du second terme contient les m seconds termes des binomes, si nous supposons tous les termes égaux à a, le coefficient du second terme sera ma.

Celui du terme suivant contient $\frac{m(m-1)}{1 \,.\, 2}$ termes ; et en faisant toutes les lettres égales à a, ces termes seront égaux à a^2, et le coefficient deviendra $\frac{m(m-1)}{1 \,.\, 2} a^2$

Le coefficient du terme suivant serait

$$\frac{m(m-1)(m-2)}{1 \,.\, 2 \,.\, 3} a^3$$

Ainsi de suite, jusqu'au dernier terme, qui sera a^m.

Terme général. Si l'on représente par n le nombre de termes qui en précèdent un quelconque, la formule qui donne le terme dont le rang est $n+1$ porte le nom de *terme général*. Il est très facile de la trouver.

On voit que le nombre de facteurs $m(m-1)\ldots$ du numérateur est égal dans chaque terme au nombre de termes qui précèdent, et que, dans le dernier facteur, on retranche de m un nombre égal à celui des termes précédents, diminué d'une unité. Il est donc dans le cas de n facteurs précédents égal à $m-(n-1)=(m-n+1)$. Le dernier facteur du dénominateur est égal au nombre de termes qui précèdent, par conséquent à n. L'exposant de a est égal au même nombre n. Enfin, de l'exposant de x, il faut retrancher un nombre egal à celui de ces termes qui précèdent, de sorte qu'on a pour le terme général

$$Tn+1=\frac{m(m-1)(m-2)\ldots\ldots(m-n+1)}{1 \,.\, 2 \,.\, 3 \ldots\ldots\ldots\ldots n} a^n x^{m-n};$$

et la formule du binome, en s'arrêtant au terme général, devient enfin

$$(x+a)^m=x^m+\frac{m}{1}ax^{m-1}+\frac{m(m-1)}{1 \,.\, 2}a^2x^{m-2}+\frac{m(m-1)(m-2)}{1 \,.\, 2 \,.\, 3}a^3x^{m-3}$$
$$+\ldots\ldots+\frac{m(m-1)\ldots\ldots(m-n+1)}{1 \,.\, 2 \ldots\ldots\ldots\ldots n}a^nx^{m-n}$$

112. Si l'on veut connaître le développement de la puissance $m^{ième}$ de $(x-a)$, on n'a qu'à changer, dans la formule du binome, le signe des termes dans lesquels a est élevé à une puissance impaire, comme cela est évident.

113. On pourrait développer, par la formule du binome, un polynome quelconque $(a+b+c+d)$, en reunissant en un seul tous les termes, excepté le premier ; le polynome deviendrait alors un binome. On développerait ensuite de la même manière les puissances des polynomes dans les termes où il s'en trouverait. Dans ce développement, chaque polynome ayant successivement un terme de moins, on arrive à n'avoir que deux termes dont on sait développer la puissance.

CHAPITRE CINQUIÈME.

PROBLÈMES D'ALGÈBRE.

Dans les problèmes qui se traitent par des équations, et c'est le plus grand nombre, toute la difficulté réside dans la *mise du problème en équation.*

Mettre un problème en équation, c'est transformer les relations données dans la question, en relations d'égalité entre les quantités connues et les quantités inconnues du problème.

Pour parvenir à mettre un problème en équation, il est important d'abord de se bien rendre compte, par l'analyse de l'énoncé, de toutes les relations qu'il fournit entre les quantités connues et les quantités inconnues.

Cela fait, on convient de la manière dont on représentera les inconnues. Souvent chacune est simplement indiquée par une des lettres x, y, z, t, v, etc. ; souvent aussi une inconnue peut être représentée au moyen d'une autre. Par exemple, une quantité trois fois plus grande qu'une autre x, sera $3x$. Dans ce dernier cas, le choix de l'inconnue au moyen de laquelle on représente les autres, n'est pas toujours indifférent pour la facilité de la mise en équation.

Enfin, on indique, à l'aide des signes algébriques, toutes les opérations qu'il faudrait effectuer pour vérifier si les inconnues, supposées remplacées par leurs valeurs, satisfont aux conditions de la question. Or, toute vérification exigeant, en général, une comparaison entre des quantités qui doivent se trouver identiques, on parvient ainsi à des relations d'égalité entre les quantités connues et les quantités inconnues, ou *à des équations.*

Si l'énoncé du problème conduit à autant d'équations indépendantes qu'il y a d'inconnues, le problème est *déterminé.*

Si l'on a moins d'équations que d'inconnues, le problème est *indéterminé.*

Si l'on a plus d'équations que d'inconnues, un nombre d'équations égal à celui des inconnues détermine leurs valeurs; mais ces valeurs devant satisfaire aux équations restantes, celles-ci sont appelées *équations de condition.*

Quand le problème est mis en équation, on trouve les valeurs des inconnues par les méthodes qui ont été déjà développées.

Nous allons donner quelques exemples de problèmes déterminés.

Problèmes du 1er degré.

1er PROBLÈME. *Quel est le nombre dont la moitié, le tiers et le quart font 65 ?*

Soit x le nombre cherché ;

$$\text{sa moitié est } \frac{x}{2}\text{, son tiers est } \frac{x}{3}\text{, son quart est } \frac{x}{4}$$

Puisque la somme de ces trois fractions est 65, nous n'avons qu'à écrire

$$\frac{x}{2}+\frac{x}{3}+\frac{x}{4}=65.$$

De cette équation, on tire $x=60$.

2e PROBLÈME. *Il y a 100 fr. dans deux bourses; mais l'une contient 20 fr. de plus que l'autre. Combien y a-t-il dans chacune?*

Soit x la somme contenue dans la première bourse, et y la somme contenue dans la seconde.

Puisque ces deux sommes font 100 fr., on a l'équation

$$x+y=100.$$

Mais x vaut 20 fr. de plus que y, ou bien la somme x, diminuée de la somme y, donne 20 fr. pour reste, ce qui fournit l'équation

$$x-y=20.$$

En résolvant le système de ces deux équations, on trouve

$$x=60,\ y=40.$$

On aurait pu traiter ce problème au moyen d'une seule inconnue, en observant que, si la somme contenue dans la deuxième bourse est plus faible de 20 fr. que x, on peut la représenter par $x-20$, et l'équation sera

$$x+x-20=100,\ \text{ou}\ 2x-20=100,$$

équation qui donne $x=60$. Par conséquent, l'autre inconnue est $60-20$ ou 40.

3e Problème. *La somme de deux quantités est* a, *leur différence est* b, *quelle est la valeur de ces quantités?*

C'est le problème précédent énoncé d'une manière générale; il offre de fréquentes applications.

La somme $x+y$ étant égale à a, on a l'équation

$$x+y=a.$$

La différence $x-y$ étant b, on a la deuxième équation

$$x-y=b,$$

équation d'où l'on tire

$$x=\frac{a+b}{2},\quad y=\frac{a-b}{2}$$

résultat qui s'énonce ainsi : *La plus grande quantité est égale à la demi-somme augmentée de la demi-différence, et la plus petite à la demi-somme diminuée de la demi-différence.*

4e Problème. *Partager* 36 *en deux parties qui soient entre elles dans le rapport de* 5 *à* 7.

Soit x la première partie,
la seconde sera $36-x$.

Le rapport de ces deux parties sera $\frac{x}{36-x}$

Puisque ce rapport doit égaler celui de 5 à 7 ou $\frac{5}{7}$, on a l'équation

$$\frac{x}{36-x}=\frac{5}{7}$$

équation d'où l'on tire : première partie, ou $x=15$, deuxième partie $=21$.

Problèmes du 2e degré.

1er PROBLÈME. *Supposons qu'un corps qui tombe parcoure 4, 9 mètres dans une seconde de temps, combien de secondes mettra-t-il à parcourir 177 mètres, les espaces parcourus étant dans le rapport des carrés des temps?*

Soit x le nombre de secondes cherché.

Le rapport des carrés des temps sera $\frac{1}{x^2}$

celui des espaces parcourus sera $\frac{4,9}{177}$

Ces rapports étant égaux, on a l'équation

$$\frac{4,9}{177}=\frac{1}{x^2}$$

d'où l'on tire $x=\pm6$ secondes (à moins d'une seconde près) ou plutôt $x=6$, parce que le temps cherché est essentiellement positif.

2e PROBLÈME. *Partager 20 en deux parties dont le produit soit 91 ?*

Soit x la première partie.

La seconde sera $20-x$.

Le produit sera $x(20-x)$.

Puisque ce produit doit être égal à 91, on a l'équation

$$x(20-x)=91\ ;$$

d'où l'on tire $x=10\pm3$. Les deux racines 13 et 7 sont les deux parties, parce que x représente indifféremment l'une ou l'autre, vu que nous n'avons fait aucune hypothèse particulière sur x.

Nous nous bornerons à ces exemples, en renvoyant pour plus de détails au *Recueil de Problèmes d'Algèbre*, de M. Georges Ritt.

FIN DE L'ALGÈBRE.

TABLE DES MATIÈRES.

FIN DE LA TABLE.

DU MÊME AUTEUR :

Première Partie. ARITHMÉTIQUE. — Troisième Partie. GÉOMÉTRIE, avec figures insérées dans le texte.

Les trois parties peuvent être réunies ou séparées.

www.ingramcontent.com/pod-product-compliance
Lightning Source LLC
LaVergne TN
LVHW020045170826
845678LV00001B/435

* 9 7 8 2 3 2 9 6 8 4 9 3 2 *